高等职业学校电类专业

# PLC 应用技术（三菱）（第三版）习题册

易　明　主编

中国劳动社会保障出版社

## 简　介

本习题册是高等职业学校电类专业教材《PLC 应用技术（三菱）（第三版）》的配套用书。习题册按照教材章节编排，内容紧扣教材的教学要求，注重基础知识的巩固和基本能力的培养，知识点分布均衡，题型丰富，难易适当，有助于学生复习巩固所学知识。

本习题册由易明任主编，陈雄成任副主编，佘艳、邓霞、何醒燊、李玲、瞿彩萍参加编写；周照君审稿。

**图书在版编目（CIP）数据**

PLC 应用技术（三菱）（第三版）习题册：高等职业学校电类专业 / 易明主编. -- 北京：中国劳动社会保障出版社，2024. -- ISBN 978-7-5167-6377-3

Ⅰ. TM571. 61-44

中国国家版本馆 CIP 数据核字第 2024NG8380 号

**中国劳动社会保障出版社出版发行**

（北京市惠新东街 1 号　邮政编码：100029）

*

河北品睿印刷有限公司印刷装订　　新华书店经销

787 毫米×1092 毫米　16 开本　6. 75 印张　156 千字

2024 年 12 月第 1 版　　2024 年 12 月第 1 次印刷

**定价：14. 00 元**

营销中心电话：400-606-6496

出版社网址：https://www. class. com. cn

https://jg. class. com. cn

# 目录


**课题一　PLC 基础知识** …… 1

任务 1　认识 PLC …… 1

任务 2　简单 PLC 控制系统设计——三相异步电动机点动运行控制 …… 3

**课题二　FX 系列 PLC 编程软件的操作** …… 6

任务 1　GX Works2 编程软件的安装 …… 6

任务 2　GX Works2 编程软件的应用 …… 6

任务 3　FX 系列 PLC 与计算机的通信连接和程序调试 …… 8

**课题三　PLC 应用基础** …… 10

任务 1　三相异步电动机连续运行控制 …… 10

任务 2　三相异步电动机正反转控制 …… 12

任务 3　两台电动机顺序启动控制 …… 16

任务 4　顺序相连的传送带控制 …… 18

任务 5　星-三角启动电动机可逆运行控制 …… 22

任务 6　灯光闪烁电路控制 …… 26

**课题四　顺序功能图** …… 28

任务 1　运料小车控制 …… 28

任务 2　按钮式人行道交通灯控制 …… 35

任务 3　自动门控制 …… 39

任务 4　液体混合装置控制 …… 42

任务 5　冲床机械手运动控制 …… 43

任务 6　十字路口交通灯控制 …… 45

任务 7　用凸轮实现旋转工作台控制 …… 50

任务 8　组合钻床控制 …… 55

任务 9　大小球分选系统控制 …… 58

**课题五　数据处理类应用指令** …… 61

任务 1　电动机启动控制 …… 61

任务 2　闪光信号灯闪光频率控制 …… 63
任务 3　密码锁控制 …… 65
任务 4　简易定时报时器控制 …… 66
任务 5　外置数计数器设计 …… 68
任务 6　四则运算应用 …… 70
任务 7　彩灯电路控制 …… 72
任务 8　流水灯光控制 …… 74
任务 9　用单按钮实现五台电动机的启停控制 …… 78
任务 10　外部故障诊断电路设计 …… 80
**课题六　程序控制类应用指令** …… 81
任务 1　跳转程序的应用 …… 81
任务 2　子程序的应用 …… 83
任务 3　循环程序的应用 …… 84
任务 4　外部中断子程序的应用 …… 85
任务 5　定时中断子程序的应用 …… 86
任务 6　高速计数器的应用 …… 88
**课题七　PLC 与外围设备的综合应用** …… 90
任务 1　用触摸屏和按钮实现电动机的两地控制 …… 90
任务 2　用 PLC 和变频器控制电动机多段速运行 …… 91
任务 3　用 PLC、模拟量特殊适配器模块和变频器控制电动机运行 …… 94
任务 4　基于 PLC 的步进电动机传送带简单位置控制 …… 96
任务 5　基于 PLC 的步进电动机传送带编码器定位控制 …… 97
任务 6　基于 PLC 的伺服电动机传送带定位控制 …… 99
任务 7　多台 PLC 之间的 N：N 网络通信 …… 102

# 课题一　PLC 基础知识

## 任务 1　认识 PLC

### 一、填空题

1. 美国数字设备公司（DEC）于__________年研制出了第一台 PLC，型号为____________，用于美国通用汽车公司的______________________________。

2. PLC 主要应用于_________________、_________________、_________________、________________和通信联网等。

3. PLC 以______________为基础，是综合了____________、____________、____________发展起来的一种通用工业自动控制装置。

### 二、判断题

1. PLC 是可编程序控制器的简称。（　　）

2. 平常办公用的计算机也可以作 PLC 用。（　　）

3. PLC 控制系统可以适应工业产品的多品种、小批量发展趋势。（　　）

### 三、简答题

1. 简述 PLC 的定义。

2. 与一般的计算机控制系统相比，PLC 控制系统有哪些优点？

3. 与继电器控制系统相比，PLC 控制系统有哪些优点？

4. 列举常见的 PLC 生产厂商。

# 任务2　简单PLC控制系统设计——三相异步电动机点动运行控制

## 一、填空题

1. PLC主要由____________、____________、____________、____________和编程软件组成。

2. PLC用户程序的执行采用__________________工作方式。它有两种基本的工作模式:____________模式和____________模式。

3. 输入继电器、输出继电器以__________数进行编号。

4. PLC常用的编程语言有____________、____________和____________等。

## 二、判断题

1. 开关量输入接口所用的电源，由PLC内部的电源供给。（　　）

2. 开关量输出接口和负载所需电源均由用户提供。（　　）

3. X8是输入继电器。（　　）

4. Y19是输出继电器。（　　）

## 三、简答题

1. CPU模块由哪几部分组成？CPU芯片的作用是什么？

2. PLC常用的存储器有哪些？它们各有什么特点？分别用来存储什么信息？

3. 接线程序控制系统和存储程序控制系统的区别是什么？

4. 列举 PLC 控制系统中常用的输入/输出设备。

5. 简述 PLC 扫描周期的含义。

6. 有哪些因素能影响 PLC 的输入/输出滞后时间？

## 四、综合应用题

将按钮 SB 接到 $FX_{3U}$ 系列 PLC 的输入接口 X0，在输出接口 Y0 接指示灯 HL，按下 SB 时，HL 点亮；松开 SB 时，HL 熄灭。要求完成以下工作。

（1）写出输入/输出地址分配表。

（2）设计控制电路（提示：设计控制电路时，要根据所选用的 PLC 机型确定电源等）。

（3）写出实现控制要求的逻辑表达式。

（4）绘制梯形图。

# 课题二　FX 系列 PLC 编程软件的操作

## 任务 1　GX Works2 编程软件的安装

### 一、填空题

1. 在安装 GX Works2 软件之前，应先确认当前系统是否已安装________________________来满足 GX Works2 的运行环境。方法：打开________________________，单击____________，在程序窗口单击________________________，在“启动或关闭 Windows 功能”中查看__________________________________________是否勾选上，若没勾选上，应勾选。

2. 安装 GX Works2 软件时，应先关闭________________________________，以免安装失败。

3. 安装文件__________在解压后的文件夹__________中。安装时的产品 ID 号，可从____________获得，多个号码都可适用，也可以使用教材中使用的 ID 号______________。__________和__________栏可随意填写，但不可不填。

### 二、判断题

1. GX Works2 和 GX Developer 都是三菱电机公司推出的三菱 PLC 编程软件。（　　）

2. GX Works2 既可用于 FX 系列 PLC 的编程，又可用于 Q 系列 PLC 的编程。（　　）

## 任务 2　GX Works2 编程软件的应用

### 一、填空题

1. GX Works2 窗口分为__________、__________、__________、__________、__________和状态栏六个区域。

2. GX Works2 新建工程时要完成 PLC________、________、________和________四项设置。

3. GX Works2 工程导航栏由________、________和________三部分组成，其中________和________最为常用。

## 二、判断题

1. GX Works2 新建工程就是创建一个新的用户程序。（ ）
2. GX Works2 所有的功能都可以在菜单栏中找到并设置。（ ）
3. GX Works2 可以直接输入梯形图、SFC、指令表。（ ）

## 三、简答题

简述输入梯形图的步骤。

## 四、综合应用题

1. 输入如图 1 所示的梯形图并保存。

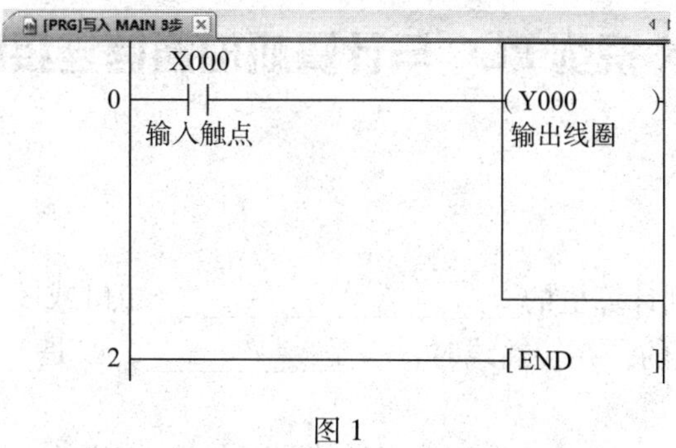


图 1

2. 输入如图 2 所示的梯形图并保存。

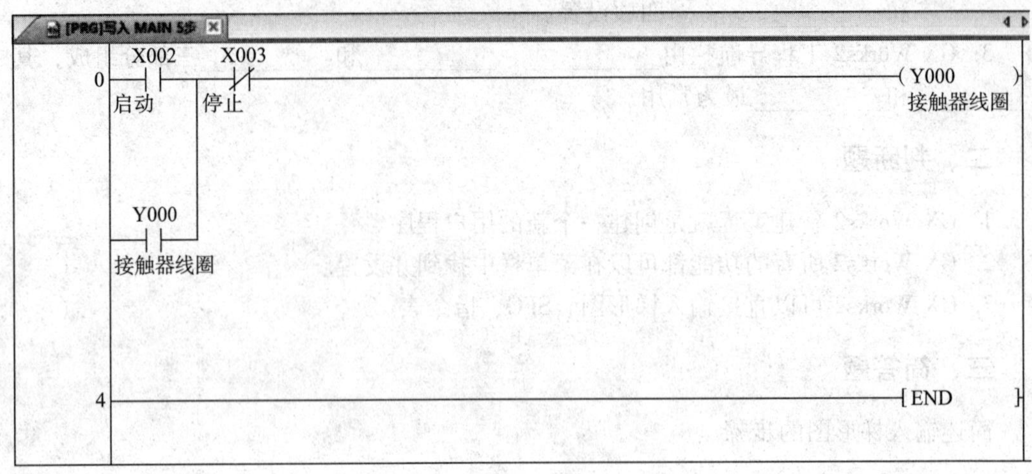


图 2

3. 说说你在完成第 1 题、第 2 题时有没有疏忽的地方？如果有，列举出来。

## 任务 3　FX 系列 PLC 与计算机的通信连接和程序调试

### 一、填空题

1. PLC 一般连接到计算机的＿＿＿＿＿＿＿＿＿＿端口或＿＿＿＿＿＿端口。通信电缆的端口都是有方向的，在接插线时，一是＿＿＿＿＿，二是＿＿＿＿＿＿＿＿＿＿＿＿＿＿，不可使用蛮力。

2. 连接计算机和 PLC 后，首先要设置计算机与 PLC 相连的＿＿＿＿＿＿＿。

3. 程序的调试分为＿＿＿＿＿＿＿和＿＿＿＿＿＿，这是程序调试所必需的两个调试阶段。为了保护 PLC 所连接的外部设备，在＿＿＿＿＿＿前必须进行＿＿＿＿＿＿。

4. 在进行连接目标设置时，COM 的端口号可在计算机的____________________中查看获得。

## 二、综合应用题

1. 用菜单方式调试图 1 所示点动程序。

2. 用快捷键方式调试图 2 所示“启-保-停”程序。

# 课题三　PLC 应用基础

## 任务 1　三相异步电动机连续运行控制

### 一、填空题

1. 在 PLC 控制系统中，启动按钮一般使用____________触点；停止按钮可使用____________触点，也可使用____________触点。启动按钮和停止按钮都要连接到 PLC 的________端。

2. 过载保护用热继电器可以连接到 PLC 的____________端，也可以连接到 PLC 的____________端。

3. 将过载保护用热继电器连接到 PLC 的输入端，可使用________触点，也可使用________触点；将过载保护用热继电器连接到 PLC 的输出端，只能使用________触点。

### 二、判断题

1. AND 指令是单个触点并联连接指令。　（　　）
2. OR 指令是单个触点串联连接指令。　（　　）
3. SET 指令使被操作的目标元件置位并保持。　（　　）
4. RST 指令使被操作的目标元件复位并保持清零状态。　（　　）

### 三、简答题

1. 分别绘制图 3 中 Y000、Y001 的时序图。

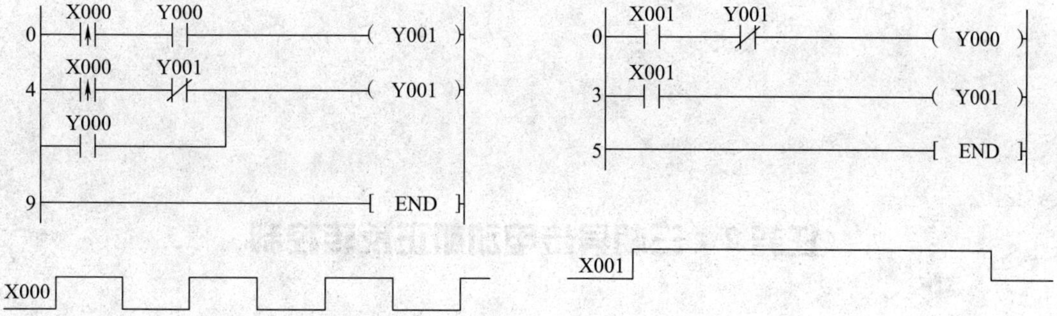

图 3

## 四、综合应用题

$FX_{3U}$ 系列 PLC 的 Y0 ~ Y7 各外接一个指示灯，依次为 HL1 ~ HL8，它们分别由接到 X0 ~ X7 的自锁按钮 SB1 · SB8 控制，即第一次按下 SB1，HL1 点亮；第二次按下 SB1，HL1 熄灭……同理，第一次按下 SB2，HL2 点亮；第二次按下 SB2，HL2 熄灭……依此类推。绘制 PLC 控制电路图，编程并调试。

## 任务 2　三相异步电动机正反转控制

### 一、填空题

1. 栈存储器有______个存储单元，它们采用________________的数据存取方式，专门用来存储程序运算的______________。栈最多为______层。

2. 栈存储器指令有进栈指令______、读栈指令______和出栈指令______三条，其中______和______必须配对使用。

3. 在梯形图中，______________绘在梯形图的左边。在串联程序中，____________应放在程序块的右边。在并联程序中，____________应放在程序块的下边。______绘在梯形图的右边。在有线圈的并联程序中，将________放在上面。

### 二、判断题

1. ORB 指令是两个或两个以上的触点串联程序结构之间的并联。　（　　）

2. ANB 指令是两个或两个以上的触点并联程序结构之间的串联。　（　　）

3. 读栈指令可用于对应的进栈指令之前，也可用于对应的出栈指令之后。　（　　）

### 三、简答题

1. 将如图 4 所示的梯形图改写成指令表程序，并调试程序。

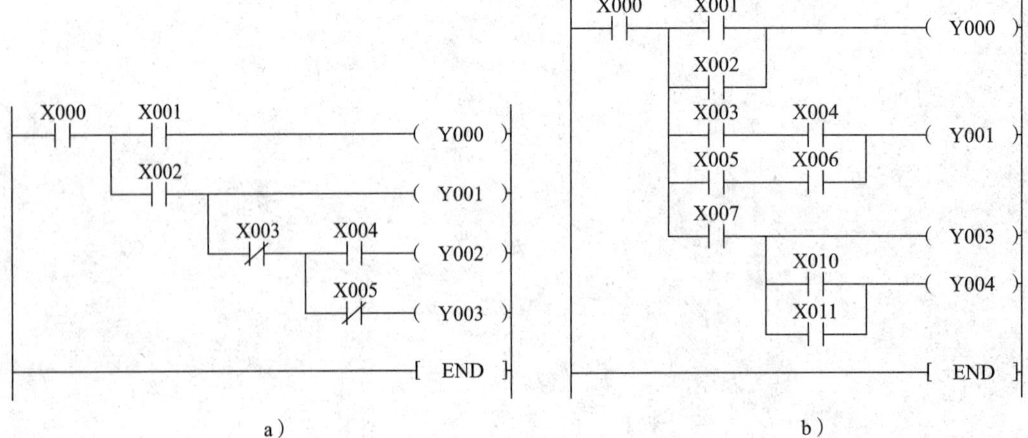


图 4

2. 将如图 5 所示的梯形图改写成指令表程序，并调试程序。

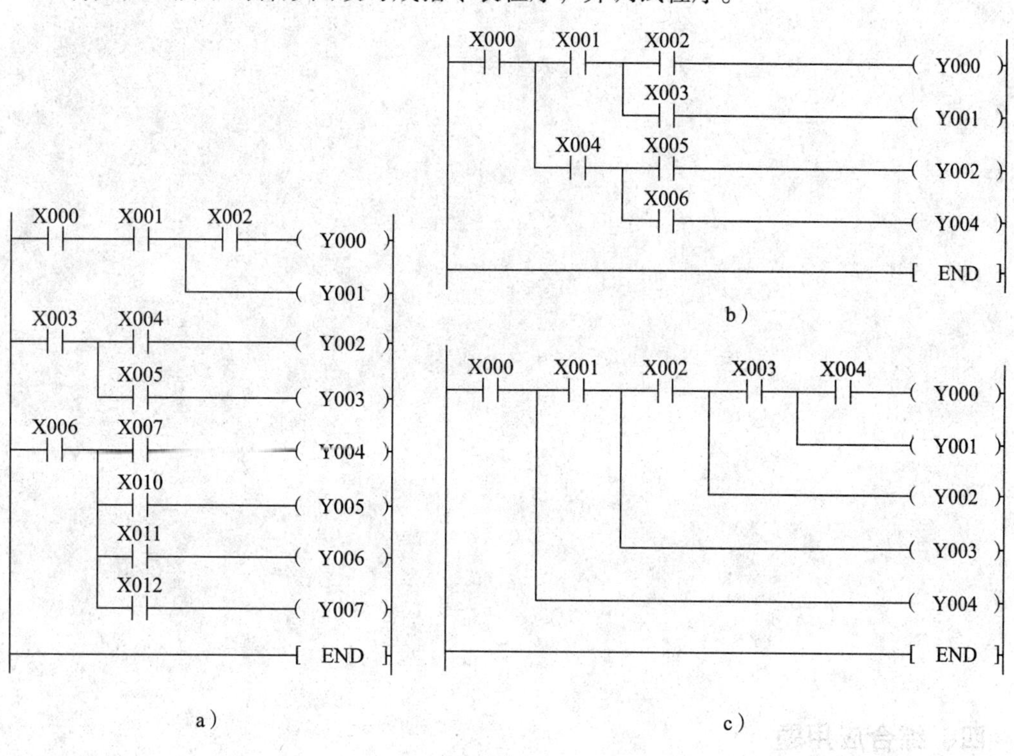

图 5

3. 将如图 6 所示的梯形图改写成指令表程序，并调试程序。

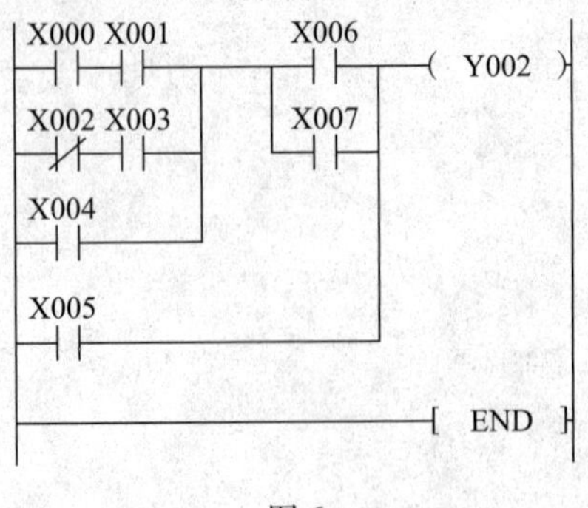


图 6

## 四、综合应用题

有些生产机械如龙门刨床、导轨磨床的工作台需要在一定距离内自动往复运行，以使工件能得到连续的加工，其电路图和工作示意图如图 7 所示。行程开关 SQ1 和 SQ2 起限位作用，工作台在 SQ1 和 SQ2 之间自动往复运行，行程开关 SQ3 和 SQ4 起限位保护作用。试将其改造成 PLC 控制系统。要求如下。

（1）主电路不变，各元器件的功能不变。

（2）进行 PLC 输入/输出点分配，写出输入/输出地址分配表。

（3）绘制 PLC 控制电路图。

（4）根据 PLC 控制电路图和功能要求，设计出梯形图，写出指令表，并调试程序，直至实现所需功能。

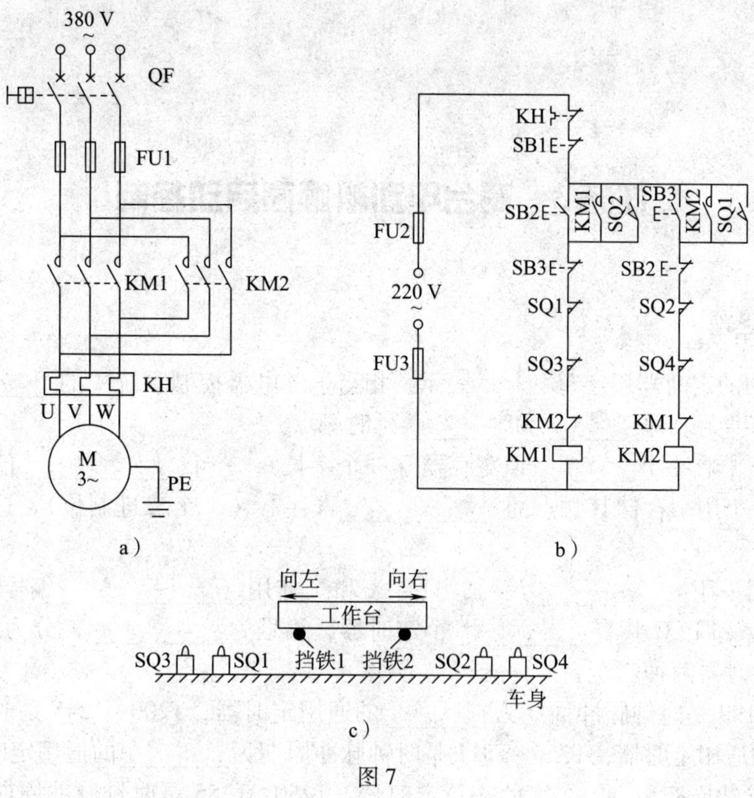


图 7

## 任务3 两台电动机顺序启动控制

### 一、填空题

1. PLC 中的定时器用字母______表示，相当于继电器控制系统中的______________，定时器可以提供无限对________和________延时触点。

2. 定时器中有一个________值寄存器（一个字长）、一个____________值寄存器（一个字长）和一个用来存储其触点的____________寄存器（一个二进制位），这三个量使用同一地址编号。

3. 定时器采用____________编号，只有 X 和 Y 才用______________编号。

4. $FX_{3U}$ 系列 PLC 共有__________个定时器，编号为__________，分为通用定时器、__________定时器两种。

5. T0～T199 是时钟脉冲周期为________的通用定时器，T200～T245 是时钟脉冲周期为________的通用定时器，T256～T511 是时钟脉冲周期为________的通用定时器，T246～T249 是时钟脉冲周期为________的积算定时器，T250～T255 是时钟脉冲周期为________的积算定时器。

6. 指令 OUT T0 K100 的延时时间是________。

7. 通用定时器的________通电接通时定时开始，定时器________每过一个时钟脉冲周期加 1，当定时器________等于定时器设定值时，常开触点________，常闭触点________，若线圈保持通电，当前值______________。若定时器的________失电断开时，当前值变为________，常开触点________，常闭触点________。

### 二、判断题

1. 定时器的时钟脉冲是由 PLC 内部提供的。 （ ）

2. $FX_{3U}$ 系列 PLC 所有定时器的设定值范围均为 1～32 767。 （ ）

3. $FX_{3U}$ 系列 PLC 所有定时器的定时范围相同。 （ ）

4. 把教材图 3-25a 中的热继电器 KH1、KH2 的输入触点全部采用常闭触点，那么教材图 3-25b 所示梯形图中的 X002、X003 全部采用常开触点。 （ ）

### 三、综合应用题

1. X0 外接自锁按钮，按下自锁按钮后，Y0、Y1、Y2 外接的指示灯循环点亮，每隔 1 s

点亮一个指示灯，点亮一个指示灯的同时熄灭另一个指示灯，设计程序并调试。

2. PLC 控制 3 台三相交流异步电动机 M1、M2 和 M3 顺序启动，按下启动按钮后，第一台电动机 M1 启动运行，5 s 后第二台电动机 M2 启动运行，电动机 M2 运行 8 s 后第三台电动机 M3 启动运行，完成相关工作后按下停止按钮，3 台电动机同时停止。要求如下。

（1）绘制主电路。

（2）进行 PLC 输入/输出点分配，写出输入/输出地址分配表。

（3）绘制 PLC 控制电路图。

（4）根据 PLC 控制电路图和功能要求，设计出梯形图，写出指令表，并调试程序，直至实现所需功能。

3. 按如图 8 所示的时序图设计出梯形图程序。

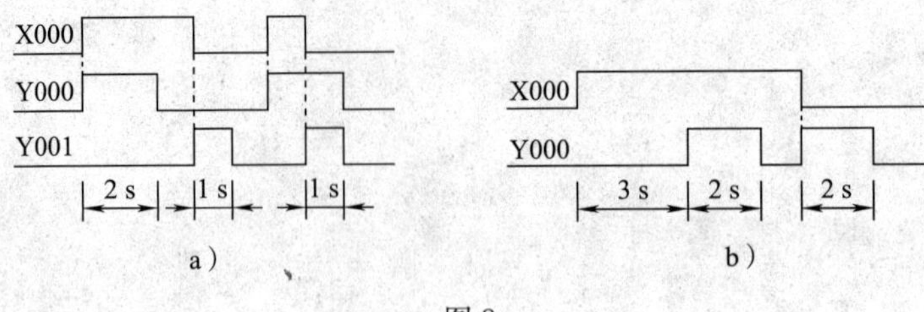


图 8

# 任务 4　顺序相连的传送带控制

## 一、填空题

1. 辅助继电器用字母______表示，用________编号，是 PLC 中数量最多的一种继电器，其作用通常与继电器控制系统中的______________相似。

2. 辅助继电器不能直接驱动外部________，辅助继电器的________与________触点在 PLC 内部编程时可无限次使用。

3. 辅助继电器线圈通电接通时，常开触点________，常闭触点________；辅助继电器线圈断电时，常开触点________，常闭触点________。

4. 辅助继电器________是运行监视器，在 PLC 运行时接通；________是初始脉冲，仅在运行开始时接通一个扫描周期。

5. M8011、M8012、M8013 和 M8014 分别是产生________、________、________和________时钟脉冲的特殊辅助继电器。

## 二、判断题

1. 双线圈输出的程序，GX Works2 在输入梯形图时会提示出错。（　　）
2. 双线圈输出的程序，GX Works2 可以输入梯形图，但不能转换。（　　）
3. $FX_{3U}$ 系列 PLC 共有 500 点通用辅助继电器，为 M0～M499。（　　）
4. M8001 在 PLC 运行时断开。（　　）

## 三、简答题

1. 将如图 9 所示的梯形图改写成指令表程序。

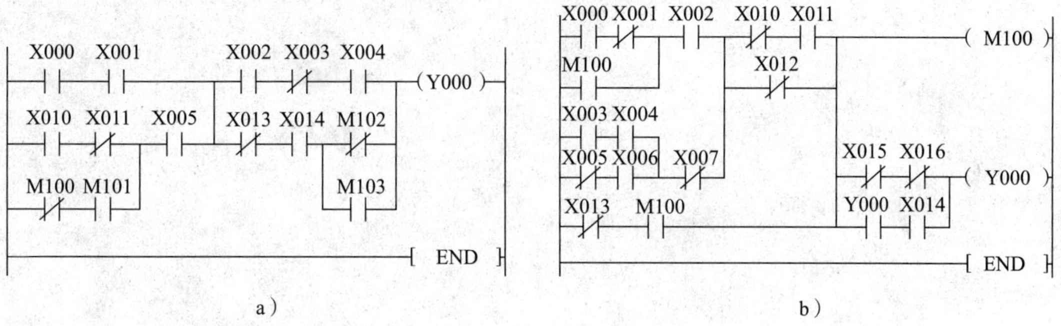

图 9

2. 将如图 10 所示的指令表程序改写成梯形图程序。

```
LDI   X004              LD    X002
ANI   M5                AND   M6
ORP   X024              MPS
LD    Y013              LD    X012
OR    T10               ORI   Y023
ANI   X012              ANB
LDF   X007              MPS
AND   M37               AND   X005
ORB                     OUT   M12
ORI   X022              MPP
ANB                     ANI   X034
OR    X015              SET   M35
MPS                     MRD
AND   X001              AND   X001
OUT   M34               OUT   Y024
MPP                     MPP
ANI   X017              ANDP  X006
OUT   T21    K100       OUT   Y002
END                     END
```

a）　　　　　　　　　　　b）

图 10

## 四、综合应用题

1. 有一组彩灯 HL1～HL8，要求隔灯显示，每 2 s 变换一次，反复进行。用一个开关实现启停控制，试编程实现控制任务。

2. 某车间运料传送带分为三段，由三台电动机分别驱动，如图 11 所示。为了节省能源，设计时使载有物品的传送带运行，未载物品的传送带停止运行，但要保证物品在整个运输过程中连续地从上段运行到下段。根据上述控制要求，采用传感器来检测被运送物品是否接近两段传送带的结合处，并用该检测信号启动下一传送带的电动机，下段电动机启动 2 s 后上段电动机停止运行。要求如下。

（1）绘制主电路。

（2）进行 PLC 输入/输出点分配，写出输入/输出地址分配表。

（3）绘制 PLC 控制电路图。

（4）根据 PLC 控制电路图和功能要求，设计出梯形图，写出指令表，并调试程序，直至实现所需功能。

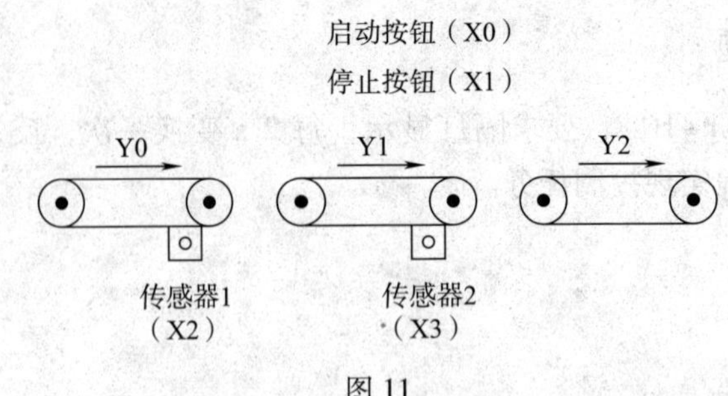


图 11

## 任务5　星-三角启动电动机可逆运行控制

### 一、填空题

1. MC 指令用于______________的连接。执行 MC 指令后，_____________移到 MC 触点的后面，与 MC 指令相连的触点必须用_____________指令。

2. 在一个 MC 指令区内，若再次使用 MC 指令称为_____________。嵌套级数最多为______级，编号按 N0→N1→N2→N3→N4→N5→N6→N7 的顺序增大，每级的返回用对应的________指令，从编号________的嵌套级开始复位。

## 二、判断题

1. 采用堆栈指令设计的程序，也可以用主控指令实现相同的功能。 （　　）
2. 程序结构：MC N0 M100　正确。 （　　）
   MC N1 M100
   MCR N0
   MCR N1
3. 程序结构：MC N0 M500　正确。 （　　）
   MCR N0
4. 程序结构：MC N0 Y000　正确。 （　　）
   MCR N0
5. 程序结构：MC N0 X003　正确。 （　　）
   MCR N0

## 三、简答题

1. 将如图 12 所示梯形图改写成指令表程序。

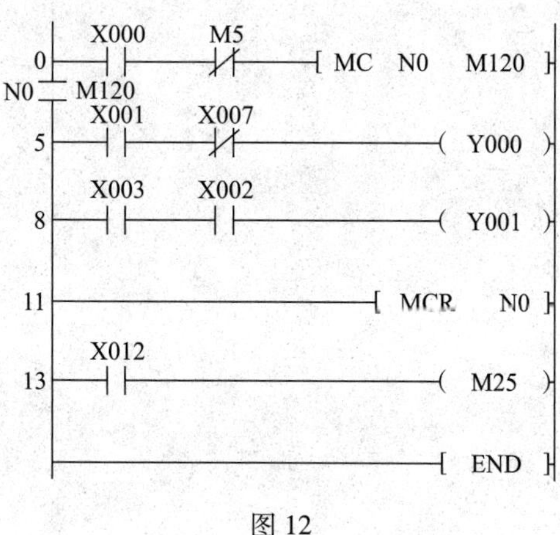


图 12

2. 将如图 13 所示指令表程序改写成梯形图程序。

```
LD    X002
ANI   M3
LDI   C10
AND   T27
ORB
LDP   X007
AND   X001
ORF   X015
ANB
ORI   X034
MC    N0   M10
LD    X003
OUT   Y001
LD    X021
OUT   Y006
MCR   N0
LD    X002
OUT   Y010
END
```

图 13

3. 指出图 14 中梯形图的错误。

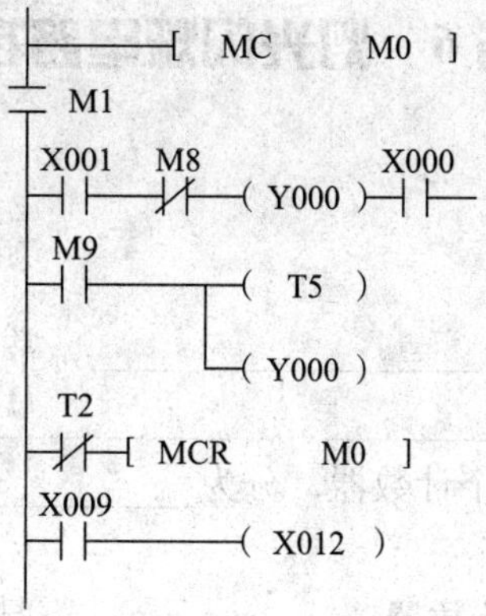

[ MC M0 ]
M1
X001 M8 ( Y000 ) X000
M9
( T5 )
( Y000 )
T2
[ MCR M0 ]
X009
( X012 )

图 14

# 任务6　灯光闪烁电路控制

## 一、填空题

1. 灯光闪烁电路本质上都是________________，常用的有__________________、________________、________________、________________等。

2. $FX_{3U}$ 系列 PLC 有______个计数器，分为_________计数器和___________计数器两类。

3. ___________是 16 位加计数器；_____________是 32 位加/减计数器，加/减计数分别由特殊辅助继电器_____________设定，对应的特殊辅助继电器被置为________时为减计数，被置为________时为加计数。

4. ________________________为通用型计数器，________________________为断电保持型计数器。

## 二、判断题

1. 程序结构：LD X000 与 LDF X000 实现的功能相同。（　　）
　　PLS M0　OUT M0

2. 程序结构：LD X000 与 LDP X000 实现的功能相同。（　　）
　　PLS M0　OUT M0

3. 计数器进行计数时，计数脉冲输入信号的接通和断开时间应比 PLC 的扫描周期稍长。（　　）

4. 定时器只有加定时，而计数器有加/减计数。（　　）

5. 定时器和计数器都有 16 位与 32 位的。（　　）

## 三、综合应用题

1. 设计满足如图 15 所示三个时序图的梯形图。

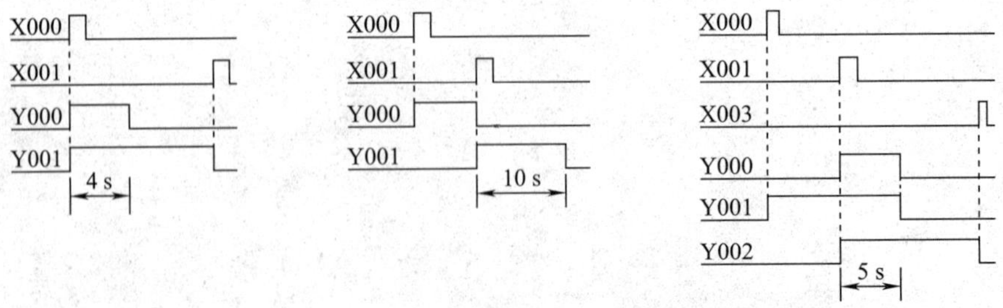

图 15

2. 如图 16 所示，X000 闭合后 Y000 变为 ON 并自保持，T0 定时 7 s 后，用 C0 对 X001 输入的脉冲计数，计满 4 个脉冲后，Y000 变为 OFF，同时 C0 和 T0 被复位，在 PLC 刚开始执行用户程序时，C0 也被复位，设计出梯形图。

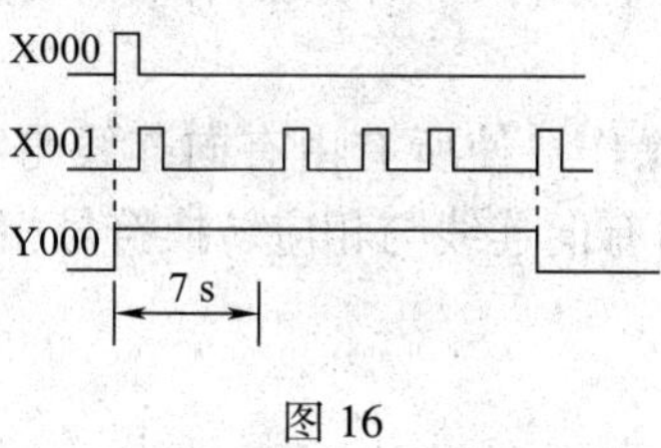


图 16

# 课题四 顺序功能图

## 任务1 运料小车控制

### 一、填空题

1. 两个步之间必须用一个________隔开，两个步绝对不能____________。

2. 两个转换之间必须用一个______隔开，两个转换也不能________。

3. 转换实现必须同时满足两个条件：该转换所有的前级步都是______；相应的____________得到满足。

4. 转换实现后应完成两个操作：使所有由有向连线与相应转换符号相连的后续步都变为______________，使所有由有向连线与相应转换符号相连的前级步都变为__________________。

### 二、简答题

1. 什么是顺序控制？

2. 顺序功能图由哪几部分组成？

3. 什么是步？怎样划分步？

4. 怎样理解动作？

5. 怎样理解有向连线？

6. 怎样理解转换和转换条件？

7. 什么是初始步？什么是活动步？

## 三、综合应用题

1. 小车在初始状态时停在中间位置，限位开关 X1 为 ON，按下启动按钮 X0，小车按如图 17 所示的顺序运动，最后返回并停在初始位置。分别用经验设计法与顺序控制设计法设计控制系统的梯形图，并调试程序。

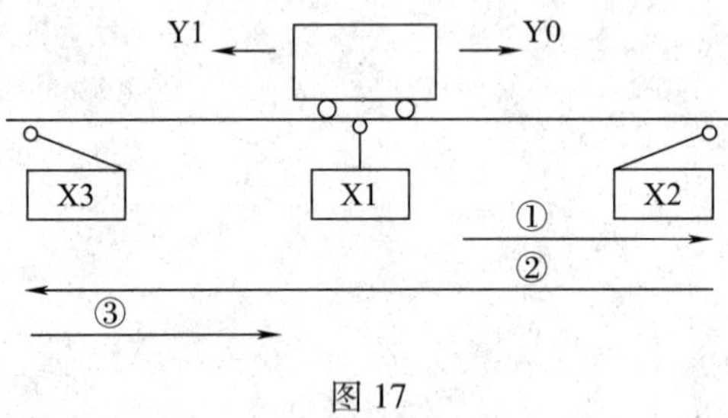


图 17

2. 用顺序控制设计法设计如图 18 所示输入/输出关系的顺序功能图和梯形图，并调试程序。

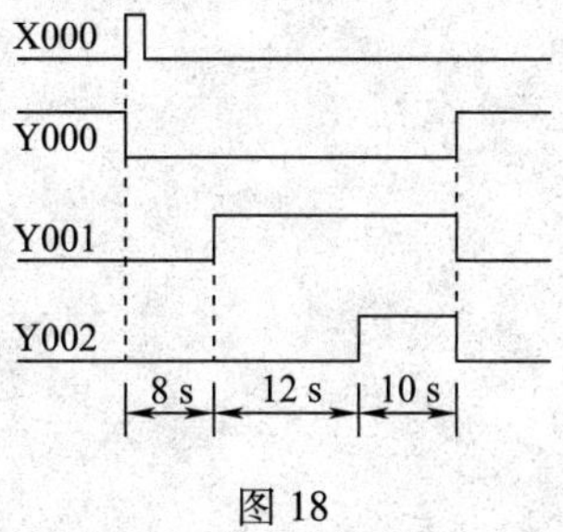


图 18

3. 初始状态时某压力机的冲压头停在上面，限位开关 X2 为 ON，按下启动按钮 X0，输出继电器 Y0 控制的电磁阀线圈通电，冲压头下行。冲压头压到工件后压力升高，压力继电器动作，使输入继电器 X1 变为 ON，用 T1 保压延时 5 s 后，Y0 变为 OFF，Y1 变为 ON，上行电磁阀线圈通电，冲压头上行。冲压头返回初始位置时碰到限位开关 X2，系统回到初始状态，Y1 变为 OFF，冲压头停止上行。绘制实现此功能的 PLC 控制电路图、控制系统的顺序功能图和梯形图，并调试程序。

4. 某组合机床动力头进给运动示意图和输入/输出信号时序图如图 19 所示。假设动力头在初始状态时停在左边，限位开关 X3 为 ON，Y0~Y2 是控制动力头运动的 3 个电磁阀。按下启动按钮 X0 后，动力头向右快速进给（简称快进），碰到限位开关 X1 后变为工作进给（简称工进），碰到限位开关 X2 后快速退回（简称快退），返回初始位置后停止运动。绘制实现此功能的 PLC 控制电路图、控制系统的顺序功能图和梯形图，并调试程序。

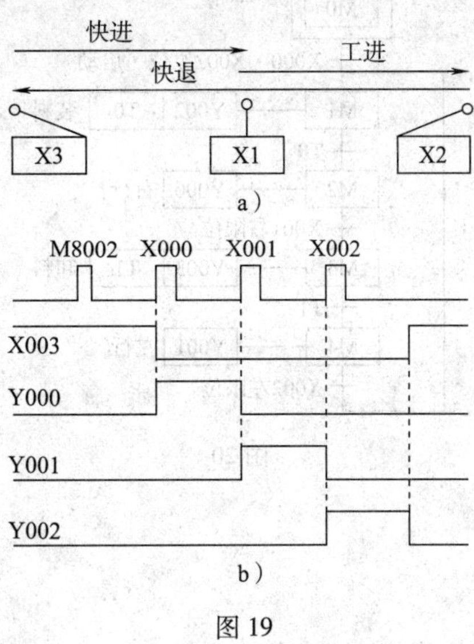


图 19

5. 将如图 20 所示连续循环工作方式的顺序功能图改绘成梯形图，并调试程序。思考在连续循环工作方式中，要设置使程序退出循环的控制按钮或采用其他控制方法使程序结束，应怎样实现？

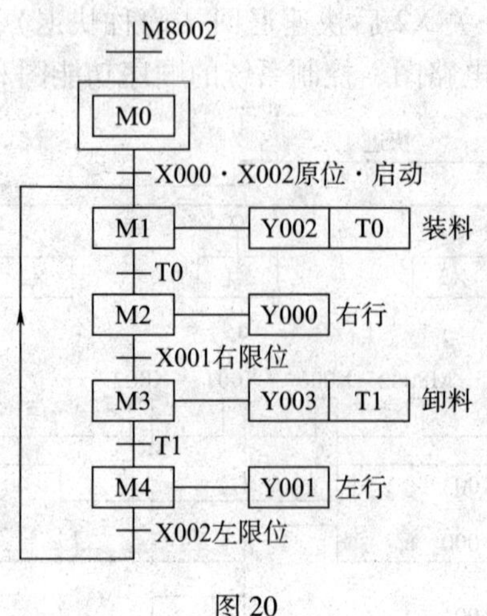


图 20

# 任务 2　按钮式人行道交通灯控制

## 一、填空题

1. 顺序功能图有三种基本结构，分别为____________序列、____________序列和____________序列。

2. 并行序列的开始称为____________，分支处的____________和____________写在表示同步的水平双线之上，且只允许有一个转换符号。并行序列的结束称为________，合并处的____________和____________写在表示同步的水平双线之下，也只允许有一个转换符号。

3. 选择序列的开始称为________，分支处的____________和____________只能标在水平连线之下。选择序列的结束称为________，几个选择序列合并到一个公共序列时，用与需要重新组合的序列____________的转换符号和水平连线来表示，____________和____________只允许标在水平连线之上。

## 二、判断题

1. 顺序功能图中常用 M8002 作为初始步的转换条件。（　　）
2. 如果顺序功能图中的某一步有多个动作，这些动作要分出先后顺序。（　　）
3. 顺序功能图中的每一步都至少要有一个动作。（　　）
4. 可以用“启-保-停”程序结构将顺序功能图改绘为梯形图。（　　）

## 三、简答题

1. 什么是单序列顺序功能图？

2. 什么是并行序列顺序功能图？

3. 什么是选择序列顺序功能图？

4. 指出图 21 中顺序功能图的错误。

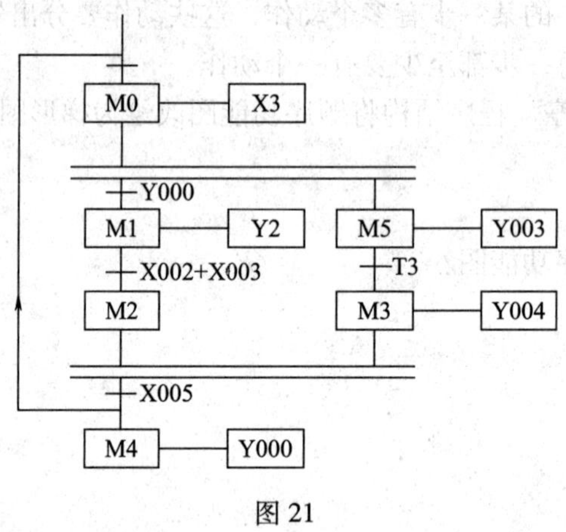


图 21

5. 在教材中，本任务选用的 PLC 是继电器输出型的，能选用晶体管输出型的吗？说明原因。

## 四、综合应用题

1. 设计如图 22 所示顺序功能图的梯形图，并调试程序。

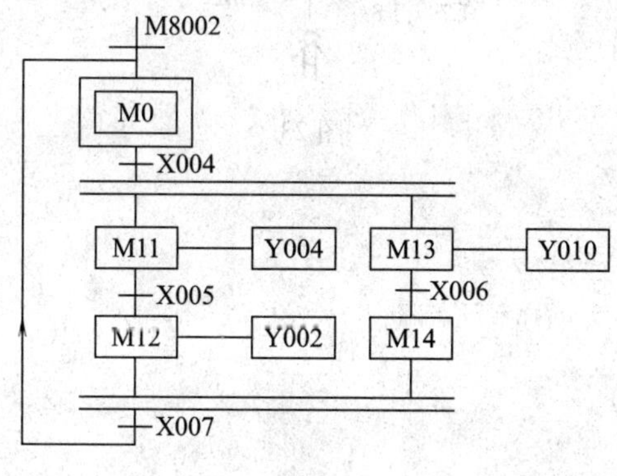


图 22

2. 在道路交通管理中常会使用按钮式人行道交通灯，如图 23 所示。正常情况下，汽车通行，即 Y3 绿灯亮，Y5 红灯亮；若行人想过马路，需要按下按钮。行人按下按钮 X0（或 X1）后，主干道交通灯将完成绿（5 s）→绿闪（3 s）→黄（3 s）→红（20 s）的变化，当主干道红灯亮时，人行道从红灯亮转为绿灯亮，15 s 以后，人行道绿灯开始闪烁，闪烁 5 s 后转入主干道绿灯亮，人行道红灯亮。用单序列实现，绘制顺序功能图和梯形图，并调试程序。

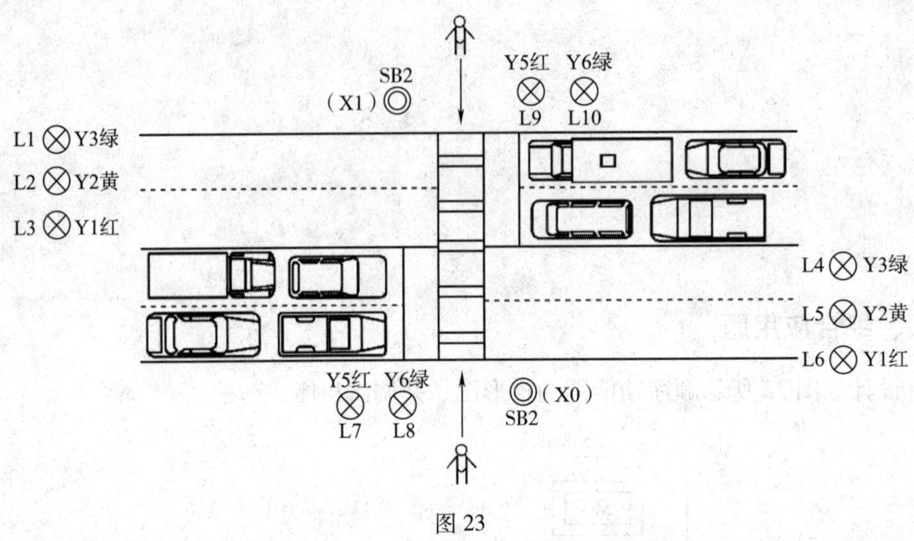


图 23

3. 用 M8013 的常开触点实现指示灯的闪烁时，M8013 的工作与系统中的定时器并不同步，在指示灯开始闪烁和结束闪烁时，不能保证指示灯点亮和熄灭的时间刚好是 0.5 s，如何解决这一问题？

# 任务 3　自动门控制

## 一、填空题

1. “启-保-停”程序结构的启动条件可以有一个或多个，有多个启动条件时，多个启动条件要________联；停止条件也可以有一个或多个，有多个停止条件时，多个停止条件要________联。

2. 仅由两步组成的小闭环的顺序功能图用“启-保-停”结构设计时，有两种处理方法：____________________________________或者______________________________________________________。

## 二、判断题

1. 用“启-保-停”程序结构将顺序功能图转换为梯形图时没有双线圈问题。（　　）

2. 顺序功能图中有多少步，梯形图中就有多少个驱动步的“启-保-停”程序结构。（　　）

3. 单序列和选择序列的顺序功能图在任何时候都只有一个步为活动步。（　　）

4. 并行序列的顺序功能图在任何时候都只有一个步为活动步。（　　）

## 三、简答题

指出图 24 中顺序功能图的错误。

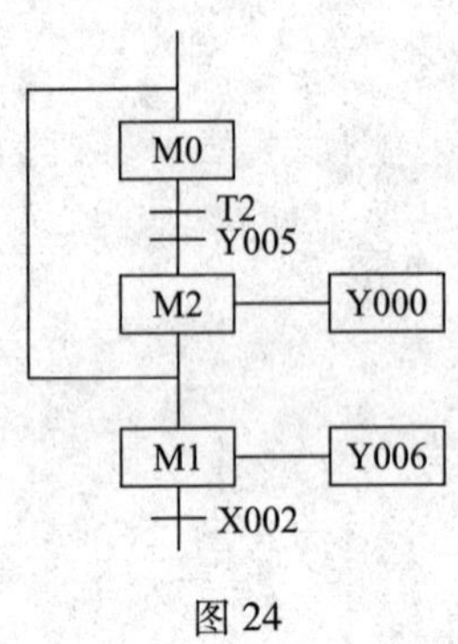


图 24

## 四、综合应用题

将教材课题三任务 5 的星-三角启动的可逆运行电动机用顺序控制设计法来设计，并与经验设计法进行比较。

三相电动机控制要求如下。

（1）按下正转按钮 SB1，电动机以星-三角方式正向启动，星形联结运行 30 s 后转换为三角形联结运行。按下停止按钮 SB3，电动机停止运行。

（2）按下反转按钮 SB2，电动机以星-三角方式反向启动，星形联结运行 30 s 后转换为三角形联结运行。按下停止按钮 SB3，电动机停止运行。

# 任务4　液体混合装置控制

## 一、判断题

1. 在顺序控制方式中，任何时候都可以按下停止按钮。　　　　　　　　　　（　　）
2. 在顺序控制方式中，不管什么时候按下停止按钮，都要立即响应。　　　　（　　）
3. PLC 控制系统一般都要有停止功能。　　　　　　　　　　　　　　　　　（　　）

## 二、简答题

在顺序控制设计法中，应如何处理停止操作?

## 三、综合应用题

在自动化生产线上经常使用运料小车，如图 25 所示。通过运料小车 M 将货物从 A 地运到 B 地，在 B 地卸料后，运料小车 M 再从 B 地返回 A 地。假设初始阶段运料小车停在 A 地左限位开关 SQ2 处，按下启动按钮 X0，Y2 变为 ON，打开储料斗的闸门，开始装料，同时用定时器 T0 定时，10 s 后关闭储料斗的闸门，Y0 变为 ON，运料小车开始右行，碰到 B 地右限位开关 SQ1 后停下来卸料，Y3 为 ON，同时用定时器 T1 定时，8 s 后 Y1 变为 ON，运料小车开始左行，碰到限位开关 SQ2 回到 A 地为一个工作周期。完成一个周期后自动进入下个周期的运料，循环往复。按下停止按钮，在当前工作周期的操作结束后，运料小车才停止移动（停在初始状态）。绘制顺序功能图和梯形图。

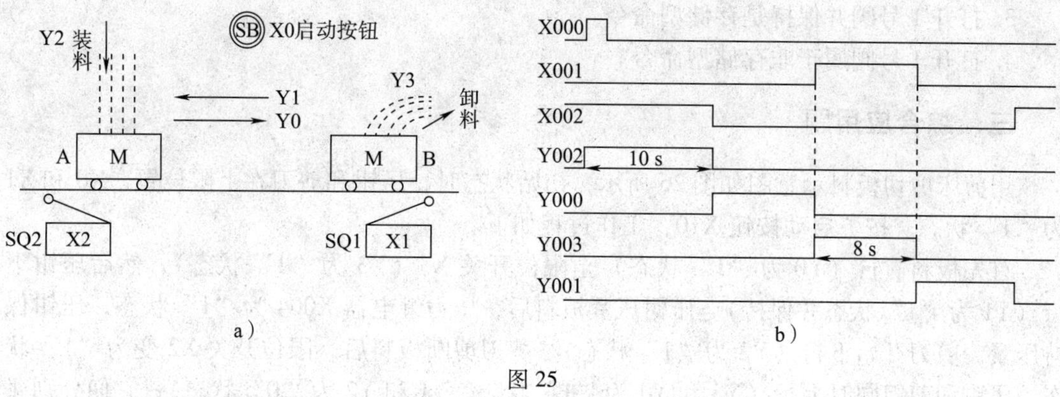


图 25

# 任务 5　冲床机械手运动控制

## 一、填空题

1. 非存储型命令用____________指令实现，存储型命令用____________指令实现。
2. 存储型命令被置位后要由______________指令复位。

## 二、判断题

1. 工件被夹紧并保持是存储型命令。　　　　　　　　　　　　　　　　（　　）

2. 机械手右行属于非存储型命令。（　　）

3. 打开 1 号阀并保持是存储型命令。（　　）

4. 打开 1 号阀属于非存储型命令。（　　）

## 三、综合应用题

用剪床剪切板料示意图如图 26 所示，初始状态时，压钳和剪刀在上限位置，X0 和 X1 为“1”状态。按下启动按钮 X10，工作过程如下。

首先板料右行（Y0 为“1”状态）至限位开关 X3（X3 为“1”状态），然后压钳下行（Y1 为“1”状态并保持）。压钳压紧板料后，压力继电器 X004 为“1”状态，压钳保持压紧，剪刀开始下行（Y2 为“1”状态）。剪刀剪断板料后，限位开关 X2 变为“1”状态，压钳和剪刀同时上行（Y3 和 Y4 为“1”状态，Y1 和 Y2 为“0”状态），它们分别碰到限位开关 X0 和 X1 后，停止上行，均停止后，又开始下一周期的工作，剪完五块板料后停止工作并停在初始状态。试绘制实现此功能的 PLC 控制电路图、系统的顺序功能图和梯形图，并调试程序。

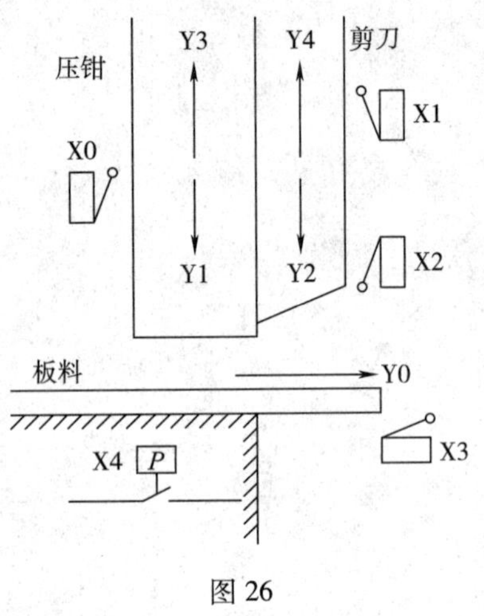


图 26

# 任务6　十字路口交通灯控制

## 一、填空题

1. 以转换为中心的梯形图的编程方法应从__________和__________两方面来考虑。

2. 在梯形图中处理步时，可以用_____________和_____________组成的串联结构来表示。

3. 输出应根据顺序功能图，用代表步的辅助继电器的_________________或它们的_______________来驱动输出继电器的线圈。

## 二、判断题

1. 实现同一个控制任务的 PLC 应用程序是唯一的。（　　）

2. 同一个顺序功能图改绘为梯形图可用“启-保-停”程序结构，也可用“转换为中心”程序结构。（　　）

3. 仅由两步组成的小闭环，可以在小闭环中增设一步，这一步没有动作，它后面的转换条件为常数 1。（　　）

## 三、综合应用题

1. 三相异步电动机连续运行电路，KM 为交流接触器，SB1 为启动按钮，SB2 为停止按钮，KH 为过载保护用热继电器。当按下 SB1 时，KM 的线圈通电吸合，KM 主触点闭合，电动机开始运行，同时 KM 的辅助常开触点闭合而使 KM 线圈保持吸合，实现了电动机的连续运行，直到按下停止按钮 SB2，电动机停止。用顺序控制设计法实现此功能，绘制 PLC 控制电路图、顺序功能图。采用以转换为中心的方法绘制梯形图并调试程序。

2. 三相异步电动机的正反转控制，KM1 为电动机正向运行交流接触器，KM2 为电动机反向运行交流接触器，SB1 为正向启动按钮，SB2 为停止按钮，SB3 为反向启动按钮，KH 为过载保护用热继电器。当按下 SB1 时，KM1 的线圈通电吸合，KM1 主触点闭合，电动机开始正向运行，同时 KM1 的辅助常开触点闭合，使 KM1 线圈保持吸合，实现了电动机的正向连续运行，直到按下停止按钮 SB2；反之，当按下 SB3 时，KM2 的线圈通电吸合，KM2 主触点闭合，电动机开始反向运行，同时 KM2 的辅助常开触点闭合而使 KM2 线圈保持吸合，实现了电动机的反向连续运行，直到按下停止按钮 SB2。KM1、KM2 线圈互锁，确保不同时通电。用顺序控制设计法实现此功能，绘制 PLC 控制电路图、顺序功能图。采用以转换为中心的方法绘制梯形图并调试程序。

3. 两台三相交流异步电动机 M1 和 M2 顺序启动控制，按下启动按钮 SB1 后，第一台电动机 M1 启动，5 s 后第二台电动机 M2 启动，完成相关工作后按下停止按钮 SB2，两台电动机同时停止。用顺序控制设计法实现此功能，绘制 PLC 控制电路图、顺序功能图。采用以转换为中心的方法绘制梯形图并调试程序。

4. 某车间有两条顺序相连的传送带，为了避免运送的物料在 2 号传送带上堆积，按下启动按钮后，2 号传送带开始运行，5 s 后 1 号传送带自动启动。而停机时，则是 1 号传送带先停止，10 s 后 2 号传送带才停止。用顺序控制设计法实现此功能，绘制 PLC 控制电路图、顺序功能图。采用以转换为中心的方法绘制梯形图并调试程序。

5. 星-三角启动的可逆运行电动机控制，按下正转按钮 SB1，电动机以星-三角方式正向启动，星形联结运行 30 s 后转换为三角形联结运行。按下停止按钮 SB3，电动机停止运行。按下反转按钮 SB2，电动机以星-三角方式反向启动，星形联结运行 30 s 后转换为三角形联结运行。按下停止按钮 SB3，电动机停止运行。用顺序控制设计法实现此功能，绘制 PLC 控制电路图、顺序功能图。采用以转换为中心的方法绘制梯形图并调试程序。

6. 为了节省空间，在地下停车场的出入口处同时只允许一辆车进出，如图 27 所示。在进出通道的两端设置有红绿灯，光电开关 X0 和 X1 用于检测是否有车经过，光线被车遮住时 X0 或 X1 为 ON。有车进入通道时（光电开关检测到车的前沿）两端的绿灯灭、红灯亮，以警示后面的车辆不可再进入通道。车开出通道时（光电开关检测到车的后沿）两端的红灯灭、绿灯亮，其他车辆可以进入通道。用顺序控制设计法实现此功能，绘制实现此功能的 PLC 控制电路图、顺序功能图。采用以转换为中心的方法绘制梯形图并调试程序。

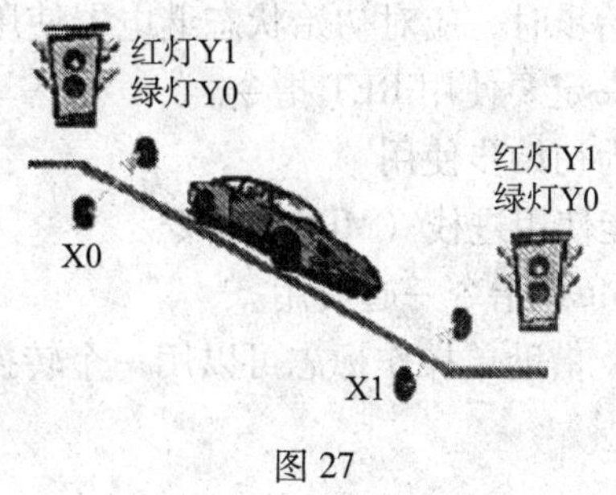


图 27

# 任务7　用凸轮实现旋转工作台控制

## 一、填空题

1. 状态继电器用字母______表示、____________编号，用来记录系统运行中的状态，是编制顺序控制程序的重要编程元件，它与步进顺控指令________配合使用。如果状态继电器不与步进顺控指令配合使用，可与____________________同样使用。

2. 通常，____________用于初始步，______________用于自动返回原点。

3. 使用STL指令的状态继电器的常开触点称为_____________，STL触点驱动的程序块具有3个功能，即__________________、_________________和__________________。

## 二、判断题

1. 需要从某一步返回初始步时，应对初始状态继电器使用OUT指令。　（　　）
2. 最后一个STL结束时一定要使用RET指令。　（　　）
3. 状态继电器S20应作为初始步使用。　（　　）
4. STL触点程序区内不能使用进栈（MPS）指令。　（　　）
5. STL指令可以与MC-MCR指令一起使用。　（　　）
6. M2800是单操作标志，借助单操作标志可以用一个转换条件实现多次转换。　（　　）

## 三、简答题

状态继电器有哪几种类型？

## 四、综合应用题

1. 如图 25 所示，货物通过运料小车 M 从 A 地运到 B 地，在 B 地卸料后，运料小车 M 再从 B 地返回 A 地。假设初始阶段运料小车停在左限位开关 SQ2 处，按下启动按钮 X0，Y2 变为 ON，打开储料斗的闸门，开始装料，同时用定时器 T0 定时，10 s 后关闭储料斗的闸门，Y0 变为 ON，运料小车开始右行，碰到右限位开关 SQ1 后停下来卸料，Y3 变为 ON，同时用定时器 T1 定时，8 s 后 Y1 变为 ON，运料小车开始左行，碰到限位开关 SQ2 后返回初始状态，运料小车停止运行。用步进顺控指令实现运料小车的控制。

2. 小车在初始状态时停在中间位置，限位开关 X1 为 ON，按下启动按钮 X0，小车按如图 17 所示的顺序运动，最后返回并停在初始位置。用步进顺控指令实现所需功能。

3. 用步进顺控指令设计实现如图 18 所示输入/输出关系的顺序功能图和梯形图，并调试程序。

4. 初始状态时某压力机的冲压头停在上面，限位开关 X2 为 ON，按下启动按钮 X0，输出继电器 Y0 控制的电磁阀线圈通电，冲压头下行。冲压头压到工件后压力升高，压力继电器动作，使输入继电器 X1 变为 ON，用 T1 保压延时 5 s 后，Y0 变为 OFF，Y1 变为 ON，上行电磁阀线圈通电，冲压头上行。冲压头返回初始位置时碰到限位开关 X2，系统回到初始状态，Y1 变为 OFF，冲压头停止上行。用步进顺控指令实现所需功能。

5. 某组合机床动力头进给运动示意图和输入/输出信号时序图如图 19 所示。假设动力头在初始状态时停在左边，限位开关 X3 为 ON，Y0 ~ Y2 是控制动力头运动的 3 个电磁阀。按下启动按钮 X0 后，动力头向右快速进给（简称快进），碰到限位开关 X1 后变为工作进给（简称工进），碰到限位开关 X2 后快速退回（简称快退），返回初始位置后停止运动。用步进顺控指令实现所需功能。

6. 将如图 20 所示连续循环工作方式的顺序功能图改绘成梯形图，并进行程序调试。用步进顺控指令实现所需功能。

## 任务8 组合钻床控制

### 一、填空题

1. 下一条 STL 指令的出现意味着______________和______________，RET 指令意味着______________。

2. 在并行序列中，多个子序列中的第一步是同时变为________的，多个子序列中的最后一步是同时变为______________的。

3. ________指令与____________指令均可用于步的活动状态的转换，将原来的活动步对应的状态寄存器复位，此外还有自保持功能。

4. SET 指令用于将______________，以激活对应的步。OUT 指令用于顺序功能图中的________和________。

### 二、判断题

1. 如果在某一步的后面有 $N$ 条选择序列的分支，则该步的 STL 触点开始的程序块中应有 $N$ 条分别指明各转换条件和转换目标的并联结构。 (　　)

2. 连续的 STL 触点的个数不能超过 18 个。 (　　)

## 三、简答题

根据如图 28 所示的顺序功能图绘制梯形图。

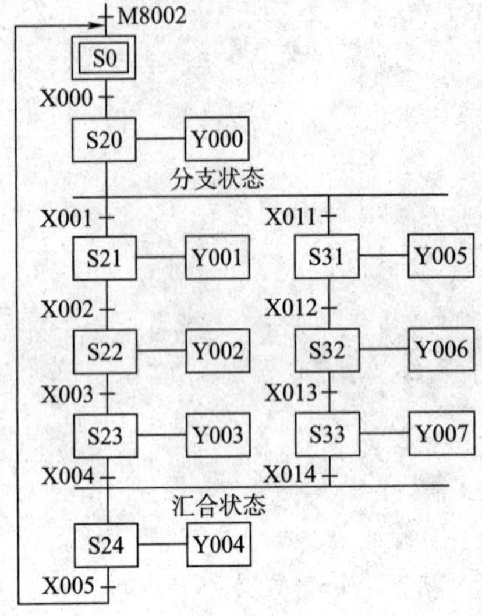


图 28

## 四、综合应用题

某控制系统有 6 台电动机 M1～M6，分别受 Y1～Y6 控制，控制要求如下。

（1）按下启动按钮 SB1（X0），M1 启动，延时 5 s 后 M2 启动，M2 启动后延时 5 s M3 启动，M3 启动后延时 5 s M4 启动，M4 启动后延时 10 s M5 启动，M5 启动后延时 10 s M6 启动。

（2）按下停止按钮 SB2（X1），M4～M6 同时停止，M4～M6 停止后，再延时 5 s，M1～M3 同时停止。用步进顺控指令编程完成此控制过程。

# 任务9　大小球分选系统控制

## 一、填空题

1. 在实际生产中，许多工业设备设置有________和________工作方式，自动工作方式包括______________、______________、______________和______________工作方式。

2. $FX_{3U}$ 系列 PLC 的状态初始化指令________与________指令一起使用，专门用来设置______________________________________________________________和设置______________________________________________，可以大大简化复杂的顺序控制程序的设计工作。

3. IST 指令只能使用____________次，它应放在程序____________位置，被它控制的____________程序应放在它的后面。

4. 在选择单周期、连续和单步工作方式之前，系统应处于________。

## 二、选择题

1. 禁止转换标志是（　　）。

   A. M8000　　B. M8002　　C. M8040　　D. M8043

2. STL 监控有效标志是（　　）。

   A. M8001　　B. M8047　　C. M8042　　D. M8043

3. 原点条件标志是（　　）。

   A. M8043　　B. M8042　　C. M8045　　D. M8044

4. 禁止所有输出复位标志是（　　）。

   A. M8043　　B. M8047　　C. M8045　　D. M8044

## 三、简答题

1. 简述单周期工作方式、连续工作方式和单步工作方式的含义。

2. 简述指令 IST X010 S20 S30 中 X010 S20 S30 的含义。

## 四、综合应用题

某机械手用来分选钢质大球和小球，分选示意图和控制面板如图 29 所示。输出继电器 Y4 为 ON 时钢球被电磁铁吸住，Y4 为 OFF 时钢球被释放。机械手的 5 种工作方式由工作方式选择开关进行选择，操作面板上设有 6 个手动按钮。“紧急停机”按钮是为了保证在紧急情况下（包括 PLC 发生故障时）能可靠地切断 PLC 的负载电源而设置的。机械手在最上面、最左边且电磁铁线圈断电时，系统处于原点状态（初始状态）。

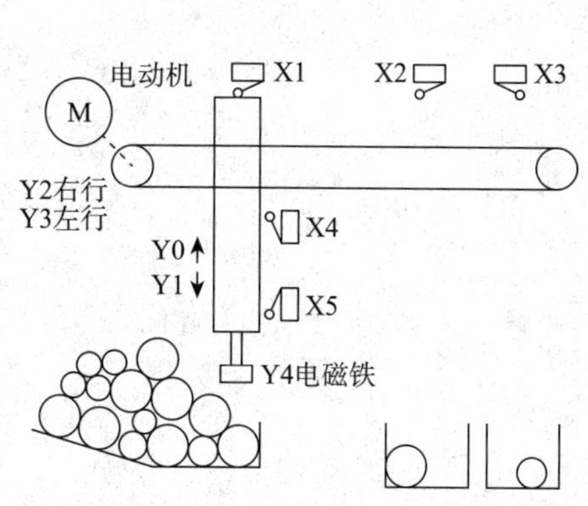


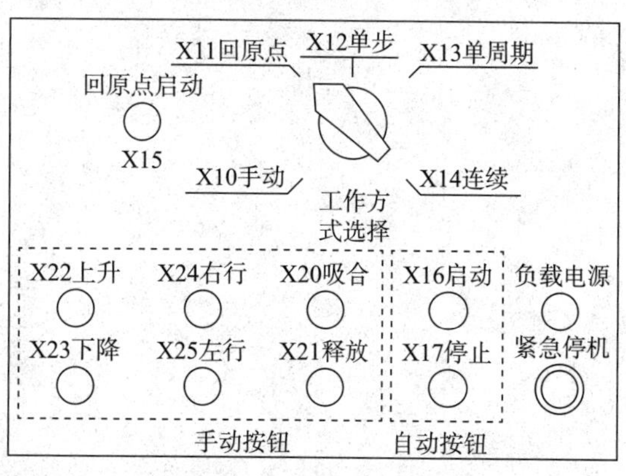


图 29

分别用“启-保-停”程序结构和以转换为中心的程序结构实现所需功能。

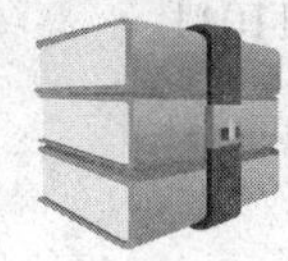

# 课题五　数据处理类应用指令

## 任务1　电动机启动控制

### 一、填空题

1. 位组合元件是一种______元件。位组合元件表达为________、________、________等形式。K1X10 指________、________、________、________四位输入继电器的组合；K2X0 指________~________八位输入继电器的组合；K4X0 指________~________、________~________十六位输入继电器的组合，________为最高位，________为最低位。

2. 应用指令由____________________和____________________组成。

3. 从助记符可以了解指令的__________________、____________________和__________________。

4. 操作数是指应用指令涉及或产生的________。有的应用指令____________操作数，大多数应用指令有________~________个操作数。操作数分为________操作数、____________操作数及____________操作数。源操作数是执行指令后________其内容的操作数，用［S］表示。目标操作数是执行指令后将________其内容的操作数，用［D］表示。其他操作数常用来表示____________或者对__________________________________________________，用 M、n 表示其他操作数。

### 二、判断题

1. 传送指令 MOV 传送的是 16 位二进制数。（　　）
2. 传送指令 MOVP 是连续执行型指令。（　　）
3. KnX 可以是目标操作数。（　　）

### 三、选择题

1. 执行 MOV H3 K1Y0 后，Y1Y0 的值依次是（　　）。

A. 00　　B. 01　　C. 10　　D. 11

2. 执行 MOV K10 K1Y0 后，Y3Y2Y1Y0 的值依次是（　　）。

A. 1001　　B. 1010　　C. 1011　　D. 0111

3. 执行 MOV K123 K2M0 后，M7～M0 的值依次是（　　）。

A. 01110110　　B. 11110110　　C. 01111011　　D. 11111011

## 四、简答题

列举到目前为止学过的位元件。

## 五、综合应用题

1. 8 个灯 L1～L8 排成一行，每过 1 s 隔灯闪烁一次，即 L1、L3、L5、L7 点亮 1 s，然后 L2、L4、L6、L8 点亮 1 s，再 L1、L3、L5、L7 点亮 1 s，循环往复。用传送指令设计程序，完成控制要求。

2. 3 台电动机相隔 5 s 启动，各运行 10 s 停止，循环往复。用传送指令设计此程序，完成控制要求。

## 任务2　闪光信号灯闪光频率控制

### 一、填空题

1. 数据寄存器用字母________表示、__________________编号，是用于存储数值数据的字元件。

2. 数据寄存器可________位使用，如将2个________数据寄存器组合；也可________位使用。数据寄存器可作________元件使用。

3. 变址寄存器__________________、__________________和通用数据寄存器类似，是进行数值数据读、写的________位数据寄存器，主要用于修改运算操作数的__________________。$FX_{3U}$ 的V和Z各________点，分别为____________~____________、____________~____________。

4. 如果V1=6，则K10V1为________，D20V1为________。

### 二、判断题

1. 指令MOV X000 Y000正确。（　　）

2. 指令MOV K1X000 D0正确。（　　）

3. 指令MOV K1X000Z1 Y000正确。（　　）

### 三、简答题

1. 下列软元件各为哪种类型的软元件？它们是几位的数据？

X000　D10　S20　K4Y000　V2　Z7　M19　K1X000

2. 简述如图 30 所示各传送指令所实现的功能。

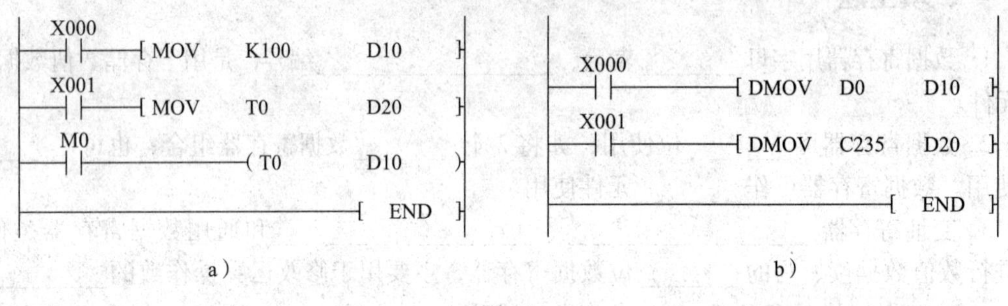


图 30

## 四、综合应用题

设计程序实现以下功能：按下按钮 X0，分别将数据 2000、04、30 存入 D0～D2，每按下 X0 一次，保存一次数据。

## 任务3　密码锁控制

### 一、填空题

1. 比较指令______是比较两个源操作数［S1］和［S2］的______________，将结果送到目标操作数__________________中。进行数据比较时，所有的源数据均按______________处理。

2. 通常要采用复位指令______或区间复位指令______清除比较指令的比较结果。

### 二、判断题

1. 区间复位指令 ZRST 中，［D1］和［D2］指定的应为同一类元件。　（　）
2. 比较指令 CMP K50 C0 M0 的目标操作数是 M0。　（　）
3. 比较指令 CMP K50 C0 Y000 的目标操作数是 Y000～Y002。　（　）
4. 比较指令 CMP K50 X000 M0 正确。　（　）
5. 数 H283 小于 K283。　（　）

### 三、简答题

简述传送比较指令的基本用途。

## 四、综合应用题

1. 设计程序实现以下功能：当 X1 接通时，计数器每隔 1 s 计数一次。当计数值小于 50 时，Y10 为 ON；当计数值大于 50 时，Y12 为 ON；当计数值等于 50 时，Y11 为 ON。当 X1 为 OFF 时，计数器及 Y10~Y12 均复位。

2. 设计程序实现以下功能：X0 为脉冲输入，当脉冲数大于 5 时，Y1 为 ON，否则 Y2 为 ON。

# 任务 4　简易定时报时器控制

## 一、填空题

1. 区间比较指令______将一个数据［S］与两个源数据［S1］和［S2］间的数据进行代数比较，将比较结果送到目标操作数__________________中。

2. 触点型比较指令相当于一个________，执行时比较源操作数［S1］和［S2］，满足比较条件则触点____________。

3. 以 LD 开始的触点型比较指令接在_______________上，以 AND 开始的触点型比较指令应与其他触点或程序块____________，以 OR 开始的触点型比较指令应与其他触点或程序块______________。

## 二、判断题

1. ZCP 指令中的源［S1］的数据比源［S2］的数据要大。（　）

2. ZCP 指令与 CMP 指令一样，目标操作数都有 3 个。（　）

3. 执行LD=K20 C10，OUT Y000 时，如 C10 的当前值等于 18，则 Y000 为 ON。（　）

## 三、综合应用题

1. 用定时器控制路灯的定时点亮和熄灭，要求 18:00 开灯、6:00 熄灯，设计此程序并调试。

假设 X0 为启动按钮，X1 为快速调试按钮，设备在 0:00 投入使用。

2. 设计并调试闹钟程序，要求每天早上 6:00 提醒使用者起床。

假设 X0 为启动按钮，X1 为快速调试按钮，设备在 0:00 投入使用。

# 任务5　外置数计数器设计

## 一、填空题

1. 十进制数 9 的 BCD 码为______，BIN 指令源操作数的数值范围是______________，DBIN 指令源操作数的数值范围是____________________。

2. 取反传送指令的助记符是______，数据比较指令的助记符是______，区间比较指令的助记符是______。

3. 如果 D0 为十进制数 10，D10 为十进制数 200，则执行指令 XCHP D0 D10 后，D0 为十进制数______，D10 为十进制数______。

4. 如果 D0、D1、D2 中依次为十进制数 10、200、300，则执行指令 BMOV D0 D10 K3 后，D10 为______，D11 为______，D12 为______。

5. 数据传送指令的助记符是______，块传送指令的助记符是______，多点传送指令的助记符是_______。

## 二、判断题

1. 在 PLC 中，常数 K 自动进行二进制变换处理。（　　）

2. BIN 指令源操作数如果不是 BCD 码，则 M8067 为 OFF，M8068 为 ON。（　　）

3. BCD 指令的作用是将源元件中的二进制数转换成 BCD 码并送到目标元件中。（　　）

4. 指令 FMOV K0 D0 K100 与指令 ZRST D0 D99 的作用相同。（　　）

## 三、综合应用题

1. 分析如图 31 所示 PLC 控制电路图和梯形图所实现的功能。

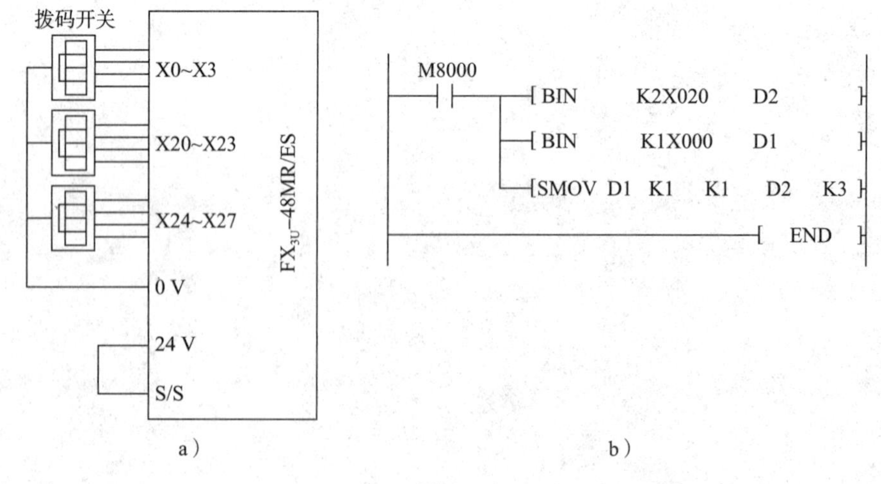


图 31

2. 有一组彩灯 L1～L8，要求隔灯显示，每 2 s 变换一次，反复进行。用一个开关实现启停控制，试用应用指令编程以实现此控制。

3. 用 X0～X15 共 16 个按钮输入十六进制数 0～F（按下连接到 X0 的按钮，表示输入十六进制数 0；按下连接到 X1 的按钮，表示输入十六进制数 1，依此类推），将它们以二进制数的形式在 Y0～Y3 内保存并显示出来，试用应用指令编程以实现此控制。

# 任务6　四则运算应用

## 一、填空题

1. ADD 指令有 3 个常用标志，M8020 为______标志，M8021 为________标志，M8022 为________标志。

2. 二进制除法指令 DIV 是将指定源元件中的____________相除，[S1] 为________，[S2] 为________，将______送到指定的目标元件 [D] 中，________送到 [D] 的下一个目标元件 [D+1] 中。

3. 执行 ADDP 指令时，如果运算结果为 0，则____________为 1；如果运算结果大于 32 767，则____________为 1；如果运算结果小于-32 767，则____________为 1。

## 二、判断题

1. 整数四则运算指令的操作数最高位为符号位，1 为正，0 为负。　（　　）

2. 二进制减法指令的各种标志的动作、32 位运算中软元件的指定方法、连续执行型和脉冲执行型的差异等均与二进制加法指令相同。　（　　）

3. 二进制除法指令 DIV 的除数不能为 0。　（　　）

## 三、简答题

简述指令 MULP D0 D2 D10 和指令 DMULP D0 D2 D10 的区别。

## 四、综合应用题

1. 编程完成以下算术运算。

$$Y=\frac{18X}{4}-10$$

2. 有一组共 15 个灯，接于 Y0~Y16，要求当 X0 为 ON 时，灯正序每隔 1 s 单个移位并循环；当 X1 为 ON 且 Y0 为 OFF 时，灯反序每隔 1 s 单个移位，至 Y0 为 ON 后停止。用二进制乘法、除法指令实现灯组的移位循环。

# 任务7　彩灯电路控制

## 一、填空题

1. AND 指令是____________________，WAND 是____________________。

2. OR 指令是____________________，WOR 是____________________，WXOR 是____________________。

3. 执行 INCP 指令时，由［D］指定的元件中的____________________自动加 1，进行 16 位运算时，+32 767 再加 1 就变为____________________。

4. 执行 DECP 指令时，由［D］指定的元件中的____________________自动减 1，进行 16 位运算时，______________再减 1 就变为+32 767。

## 二、判断题

1. 加 1、减 1 指令标志不置位。（　　）

2. 求补指令 NEG 只有目标操作数，它将［D］指定的数的每一位取反后再加 1，结果存于同一元件中。（　　）

3. 当 M8034 为 1 时，PLC 的输出全部禁止。（　　）

## 三、简答题

1. 分析如图 32 所示梯形图所实现的功能。

```
   X010
|--| |----+-----------------[MOVP   K0     Z0      ]
   M1     |
|--| |----+
   X011
|--| |----+-----------------[BCDP   C0Z0   K4Y000  ]
          |
          +-----------------[INCP   Z0             ]
          |
          +--[CMPP   K10    Z0     M0              ]
|
|-----------------------------------[ END ]
```

图 32

2. 分析如图 33 所示梯形图所实现的功能。

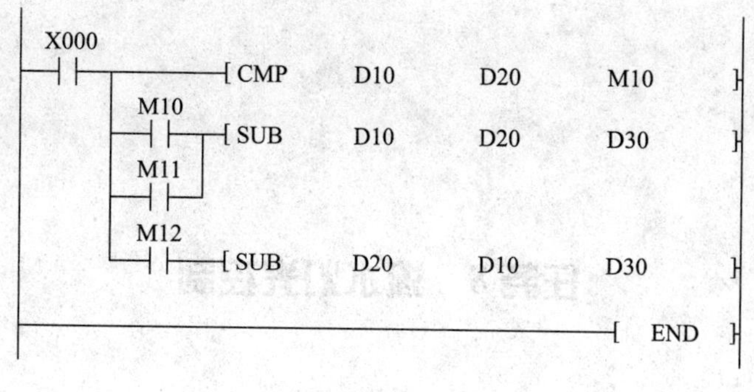


图 33

## 四、综合应用题

某机场装有 12 个指示灯，接于 K4Y0。一般情况下，有的指示灯是亮的，有的指示灯是灭的。但有时机场需将指示灯全部点亮，有时需将指示灯全部熄灭。设计梯形图，分别用一个开关控制所有指示灯的点亮和熄灭。

# 任务8　流水灯光控制

## 一、填空题

1. 循环移位是指数据在__________或__________内的移位，是一种__________移动。

2. 非循环移位是__________的移位，数据__________部分会丢失，__________部分从其他数据获得。

3. 若D0为十六进制数00FF，执行指令ROR D0 K3后，D0为十六进制数________，M8022为________。

4. 若D0为十六进制数00FF，执行指令ROL D0 K3后，D0为十六进制数__________，M8022为__________。

5. 若D0为十六进制数00FF，M8022为0，执行指令RCR D0 K3后，D0为十六进制数________，M8022为________。

6. 若D0为十六进制数00FF，M8022为1，执行指令RCL D0 K3后，D0为十六进制数________，M8022为________。

## 二、简答题

1. 如图34所示是某仓库的产品进出库控制程序，阅读程序并说明X000、X001、Y017~Y000、D256~D357的作用，然后再调试程序。

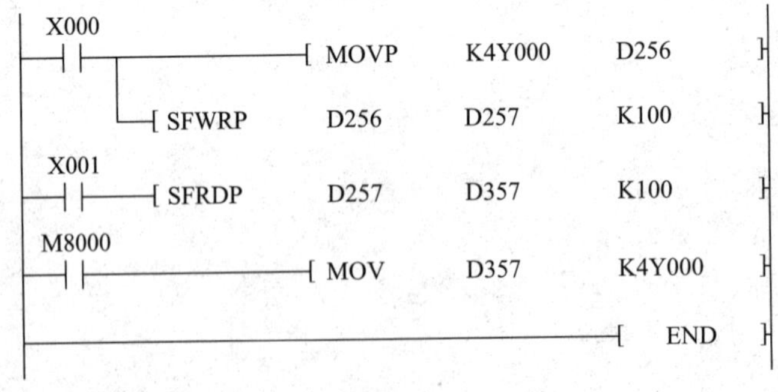


图34

2. 如图 35 所示是某顺序控制程序，阅读程序并调试。

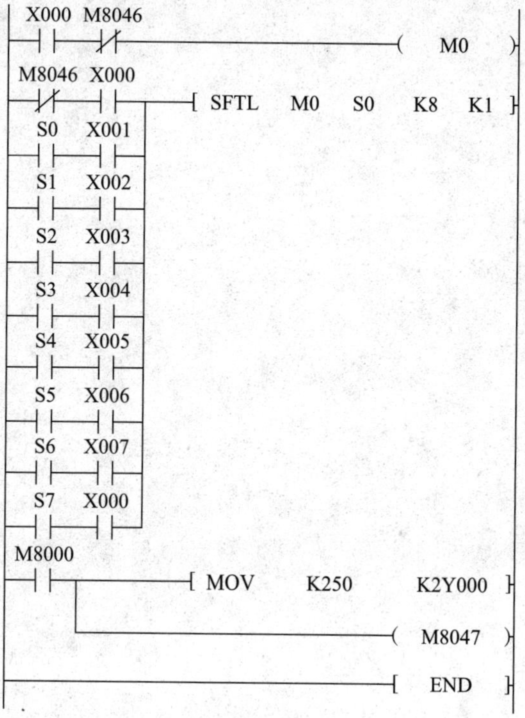

```
 X000  M8046
─┤ ├───┤/├──────────────────────────( M0 )
 M8046 X000
─┤/├───┤ ├──┬──────[ SFTL  M0  S0  K8  K1 ]
 S0    X001 │
─┤ ├───┤ ├──┤
 S1    X002 │
─┤ ├───┤ ├──┤
 S2    X003 │
─┤ ├───┤ ├──┤
 S3    X004 │
─┤ ├───┤ ├──┤
 S4    X005 │
─┤ ├───┤ ├──┤
 S5    X006 │
─┤ ├───┤ ├──┤
 S6    X007 │
─┤ ├───┤ ├──┤
 S7    X000 │
─┤ ├───┤ ├──┘
 M8000
─┤ ├──┬────────────[ MOV   K250   K2Y000 ]
      │
      └─────────────────────────────( M8047 )
──────────────────────────────────────[ END ]
```

图 35

## 三、综合应用题

1. 当 X0 为 ON 时，16 个灯 L1～L16 每隔 1 s 点亮一次，点亮顺序为 L2、L1→L3、L2→L4、L3→……→L16、L15→L15、L14→L14、L13→……→L2、L1，重复上述过程；当 X1 为 ON 时，停止工作。设计出实现此功能的程序并调试。

2. 如图 36 所示是某脉冲频率和正反序控制程序，表 1 是输入/输出地址分配表，其中积算定时器 T246 作为脉冲发生器，产生移位脉冲，其设定值为 K2～K500，定时值为 2～500 ms，T0 为脉冲发生器设定值调整时间限制。阅读程序并调试。

**表 1　输入/输出地址分配表**

| 输入 | | 输出 | |
|---|---|---|---|
| 继电器 | 说明 | 继电器 | 说明 |
| X0 | 启动/停止按钮 | Y12～Y10 | 电脉冲序列 |
| X1 | 正反序切换按钮 | | |
| X2 | 减速按钮 | | |
| X3 | 增速按钮 | | |

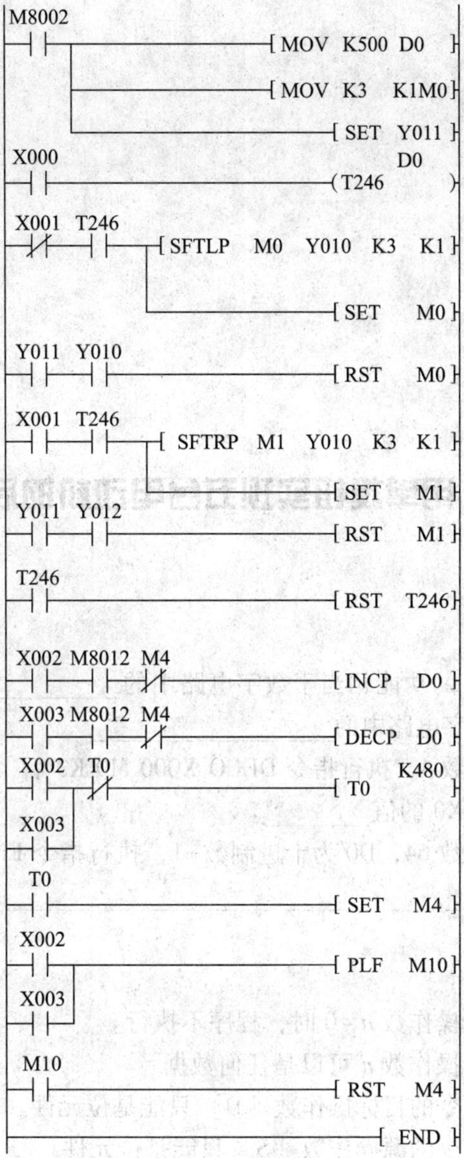

```
M8002
─┤ ├──┬────────────────[MOV  K500  D0   ]
      ├────────────────[MOV  K3    K1M0 ]
      └────────────────[SET  Y011       ]
X000                              D0
─┤ ├───────────────────(T246            )
X001  T246
─┤/├──┤ ├──┬───────────[SFTLP  M0  Y010  K3  K1]
           └───────────[SET    M0       ]
Y011  Y010
─┤ ├──┤ ├──────────────[RST    M0       ]
X001  T246
─┤ ├──┤ ├──┬───────────[SFTRP  M1  Y010  K3  K1]
           └───────────[SET    M1       ]
Y011  Y012
─┤ ├──┤ ├──────────────[RST    M1       ]
T246
─┤ ├───────────────────[RST    T246     ]
X002  M8012  M4
─┤ ├──┤ ├────┤/├───────[INCP   D0       ]
X003  M8012  M4
─┤ ├──┤ ├────┤/├───────[DECP   D0       ]
X002   T0                         K480
─┤ ├─┬─┤/├─────────────(T0              )
X003 │
─┤ ├─┘
T0
─┤ ├───────────────────[SET    M4       ]
X002
─┤ ├─┬─────────────────[PLF    M10      ]
X003 │
─┤ ├─┘
M10
─┤ ├───────────────────[RST    M4       ]
───────────────────────[END             ]
```

图 36

# 任务9 用单按钮实现五台电动机的启停控制

## 一、填空题

1. 译码指令________的功能相当于数字电路中的________________，编码指令________的功能相当于数字电路中的________________。

2. 若K1X0为十进制数4，执行指令DECO X000 M0 K3后，M7～M0的值为二进制数________________，K1X0的值________。

3. 若K2M0为十进制数64，D0为十进制数-1，执行指令ENCO M0 D0 K3后，D0的值为二进制数________________________________，K2M0的值______。

## 二、判断题

1. 译码指令DECO的操作数 $n=0$ 时，程序不执行。 （ ）
2. 编码指令ENCO的操作数 $n$ 可以是任何数据。 （ ）
3. 译码指令、编码指令的目标操作数［D］只能是位元件。 （ ）
4. 译码指令、编码指令的源操作数［S］只能是位元件。 （ ）

## 三、综合应用题

1. 编程实现用双按钮控制五台电动机的启停。

2. 试用译码指令实现某喷水池花式喷水控制，要求第一组喷 4 s→第二组喷 4 s→第三组喷 4 s→第四组喷 4 s→四组齐喷 4 s→四组均停 1 s，然后重复上述过程。

# 任务10　外部故障诊断电路设计

## 一、填空题

1. 报警器置位指令______的源操作数［S］为____________，目标操作数［D］为____________。报警器复位指令______无操作数。

2. 发生某一故障时，其对应的报警器状态将为______，如果同时发生多个故障，则________中是S900~S999中地址最低的被置位的报警器的元件号。若这个地址最低的被置位的报警器的元件号复位，则D8049中将是______________________________________________________________。

3. 执行报警器复位指令时，信号报警器S900~S999中__________________的信号报警器复位。如果多个信号报警器动作，则将______________________复位。

## 二、综合应用题

试编写一个数字钟的程序，要求有时、分、秒的输出显示，并有启动和清除功能。完成后可考虑增加时间调整功能。

# 课题六　程序控制类应用指令

## 任务1　跳转程序的应用

### 一、填空题

1. 跳转指令 CJ 可用来___________________的程序段，跳过_____________的程序段。

2. $FX_{3U}$ 系列 PLC 的跳转指针 P 有______点，为_____________，用于分支和跳转程序。

3. 可以有多条跳转指令使用______________，但不允许一条跳转指令对应____________的情况。

4. P63 是______________所在的步序，在程序中不需要设置 P63。

### 二、判断题

1. 在梯形图中，指针放在左侧母线的左边，同一个指针可多次使用。　　(　　)

2. 跳转指令具有选择程序段的功能。　　(　　)

3. 指针一般设在相关的跳转指令之后，也可以设在跳转指令之前。　　(　　)

### 三、简答题

试说明跳转与主控区的关系。

## 四、综合应用题

1. 某报时器有工作日和休息日两套报时程序，设计程序结构，编写这两套程序。

2. 用跳转指令设计用按钮 X0 控制 Y0 的程序，要求第一次按下按钮 X0，Y0 变为 ON；第二次按下按钮 X0，Y0 变为 OFF。

# 任务2 子程序的应用

## 一、填空题

1. 在利用PLC进行控制时，常常把以运算为主的程序内容作为__________，把加热及降温等逻辑控制为主的程序作为__________。

2. 子程序调用指令________是为一些特定控制目的编制的相对独立的程序。为了区别于__________，规定在程序编排时，将__________写在前边，以________指令结束主程序，________写在FEND指令之后。当主程序带有多个子程序时，子程序可________列在主程序结束指令之后。

3. 子程序返回指令__________是不需要__________的单独指令。子程序的范围从它的__________开始，到__________结束。

## 二、判断题

1. FEND与END都是主程序结束指令，可以互换。 （ ）

2. 跳转程序和子程序结束都要用SRET指令返回。 （ ）

3. STL指令与使STL指令复位的RET指令配套使用，CALL指令与使子程序返回的指令SRET指令配套使用。 （ ）

## 三、综合应用题

某广告牌有16个边框饰灯L1~L16，当广告牌开始工作时，饰灯每隔0.1 s按L1~L16的顺序轮流点亮，重复进行；循环两周后，又按L16~L1的顺序每隔0.1 s轮流点亮，重复进行；循环两周后，再按L1~L16的顺序轮流点亮，重复上述过程；当按下停止按钮时，停止工作。试用嵌套子程序的方法设计此程序。

# 任务3 循环程序的应用

## 一、填空题

1. 循环指令由________和________两条指令构成，这两条指令总是________出现的。在梯形图中，相距________FOR 指令和 NEXT 指令是一对。

2. 每一对 FOR 和 NEXT 间的程序就是执行过程中需按一定的________________的部分。循环的次数由 FOR 指令后的________给出。

3. 循环可以有______层嵌套，利用循环中的________指令可跳出 FOR、NEXT 之间的循环区。

4. 循环嵌套时，外层循环程序 A 嵌套了内层循环 B，外层循环 A 执行 5 次，内层循环 B 执行 8 次，则这个循环嵌套的循环 B 一共要执行________次。

5. FOR 指令和 NEXT 指令都没有________触点。

## 二、综合应用题

将 100 个 16 位二进制数存放在 D10~D109 中，要求分别求出其最大值、最小值和平均值，并存放到 D110~D112。试设计此程序。

## 任务4　外部中断子程序的应用

### 一、填空题

1. 中断指针______用来指明某一中断源的中断程序______，当执行到______中断返回指令时返回主程序。中断指针应在______指令之后使用。

2. 外部输入中断是指从____________送入，用于机外________________引起的中断。

3. 中断指针I001之后的中断程序在输入信号_____________时执行，同一个输入中断源只能使用上升沿中断或下降沿中断。

4. 与中断有关的指令有________________、_____________和_____________，这三条指令都______操作数。

5. 当特殊辅助继电器M805△（△=0~8）为______时，禁止执行相应的中断I△□□（□□是与中断有关的数字）。即当M8050为ON时，禁止执行相应的中断_______和_______。当M8059为______时，关闭所有的计数器中断。

### 二、判断题

1. FX系列可编程序控制器有三类中断源，即外部中断、定时器中断和高速计数器中断。（　　）

2. PLC通常处于允许中断的状态。（　　）

3. 外部中断常用来引入发生频率高于机器扫描频率的外部控制信号，或用于处理需快速响应的信号。（　　）

4. 中断程序应放在FEND指令之后，中断程序从它唯一的中断指针开始，到第一条IRET指令结束。（　　）

### 三、简答题

试比较中断子程序和普通子程序的异同点。

## 四、综合应用题

某化工设备设有外应急信号，用以封锁所有输出口，以保证设备的安全。试用中断方法设计相关梯形图。

# 任务 5　定时中断子程序的应用

## 一、填空题

1. $FX_{3U}$ 系列 PLC 有______点定时中断，中断指针为______________，低两位是以________为单位的定时时间。

2. 定时中断使 PLC 以_____________定时执行中断子程序，循环处理某些任务，处理时间不受 PLC 扫描周期的影响。定时中断是_____________，使用定时器引出，多用于_____________的场合，用特殊辅助继电器______________来实现中断的选择。

3. 斜坡指令 RAMP 模式标志位______________作斜坡指令保持方式用；斜坡指令执行结束，标志位_____________置 ON。

4. 监控定时器指令 WDT________操作数。当执行 FEND 和 END 指令时，____________________被刷新（复位）。

## 二、判断题

1. 外部 X001 下降沿中断，中断标号为 I000。（　　）

2. 中断标号为 I000 和 I610，I000 优先权高。（　　）

3. 当执行一个中断子程序时，其他中断被禁止。（　　）

4. 特殊辅助继电器 M8057 被置 1 时，中断标号 I7□□被封锁。（　　）

## 三、简答题

简述常用的程序结构。

## 四、综合应用题

设计一个定时中断子程序，要求每 20 ms 读取输入口 K2X0 数据一次，每秒计算一次平均值，并送 D100 存储。

# 任务6　高速计数器的应用

## 一、填空题

1. $FX_{3U}$ 系列 PLC 设有____________~____________共 21 点高速计数器，它们共享 8 个高速计数器输入口____________~____________。在实际应用中，最多只能有______个高速计数器同时工作。

2. $FX_{3U}$ 系列 PLC 高速计数器有________________________________、________________________________、________________________________和____________________________四种。

3. $FX_{3U}$ 系列 PLC 有______点计数器中断，中断指针为 I0□0，□=____________。

## 二、判断题

1. 外部中断输入口为 X0~X5，高速计数器输入口为 X0~X7。（　　）

2. 高速计数器工作指令以中断方式工作，受扫描周期的影响。（　　）

3. 高速计数器为 C235~C240 的计数方向取决于计数方向标志继电器 M8235~M8240。（　　）

4. 带有外计数方向控制端的高速计数器没有配备与编号相对应的特殊辅助继电器。（　　）

## 三、简答题

1. 高速计数器与普通计数器在使用方面有哪些异同点？

2. 如何控制高速计数器的计数方向？

## 四、综合应用题

某生产设备需每分钟记录一次温度值，温度经传感变换后以脉冲序列输出，编写出能实现此功能的梯形图。

# 课题七　PLC 与外围设备的综合应用

## 任务 1　用触摸屏和按钮实现电动机的两地控制

### 一、填空题

1. 人机界面（HMI）是人与机器进行＿＿＿＿＿＿的设备。利用人机界面，一方面用户可以设置＿＿＿＿＿＿，向控制系统发送各种＿＿＿＿＿＿；另一方面用户也可以利用人机界面对控制系统进行＿＿＿＿，了解系统的＿＿＿＿＿＿和设备的＿＿＿＿＿＿。

2. 触摸屏组态要先＿＿＿＿＿＿＿＿＿，再＿＿＿＿＿＿＿，最后＿＿＿＿＿＿。

3. 触摸屏组态调试时，可以先＿＿＿＿＿＿＿，再＿＿＿＿＿＿＿。模拟运行就是把组态计算机当＿＿＿＿＿＿用。

### 二、判断题

1. 通常可以用外接按钮和触摸屏实现两地控制。（　　）
2. 触摸屏组态模拟运行时，先要设置 COM 串行口。（　　）
3. 组态计算机与触摸屏通过 COM 口连接。（　　）
4. 组态按钮时通常使用 M 辅助寄存器。（　　）

### 三、综合应用题

1. 用触摸屏和外接按钮两地控制实现电动机的星-三角启动可逆运行控制。

2. 用触摸屏和外接按钮两地控制实现双速电动机运行控制。

## 任务2　用PLC和变频器控制电动机多段速运行

### 一、填空题

1. 触摸屏组态时变量选择方式有________________和________________两种。

2. 通过变频器可以实现________________，选用变频器时要注意________和________。

3. 使用变频器时要连接________和________，其中主电路是________连接的，控制电路按照________进行连接。

4. 变频器的主电路，其中输入端子R/L1、S/L2和T/L3接________，⏚为________端；输出端子U、V和W连接________________。

5. 变频器的控制电路，控制端子分为________端子、________端子和________端子三类，输入端子又有________量输入和________量输入之分。

6. 变频器的应用很多是通过________完成的，别人用过的变频器使用前要________________，使其恢复出厂时的默认值。

7. 使用变频器首先要确定电动机的________方式和________调节方式，这可以通过设置________参数实现。其他参数根据实际需要设置。

## 二、判断题

1. 利用变频器可以实现对三相异步电动机的变频（$f$）、变磁极对数（$p$）、变转差率（$s$）三种调速。（　　）

2. 变频器对三相异步电动机多段速调速使电动机连续运行。（　　）

3. 触摸屏组态时变量选择方式选择的是“从数据中心选择”，就要先建立一个实时数据库，设备组态时还要增加设备通道和连接变量操作。（　　）

4. 设置变频器频率时不要超过设置的上、下限频率（Pr1、Pr2）。（　　）

## 三、综合应用题

1. 用触摸屏和外接按钮两地控制实现电动机的七段速调速运行控制。

2. 用触摸屏和外接按钮两地控制实现电动机的四段速调速运行控制。

3. 用触摸屏和外接按钮两地控制实现电动机的十五段速调速运行控制。

# 任务3　用PLC、模拟量特殊适配器模块和变频器控制电动机运行

## 一、填空题

1. 变频器的模拟量输入端用作________________的频率设定，实现对三相笼型异步电动机的_____________控制。频率设定可以简单地外接_____________实现，也可以用PLC配上_______________________模块实现。

2. 三菱的模拟量模块有很多，包括______________模块、______________模块和__________________模块，模拟量控制有___________________、_________________和___________________。

3. $FX_{3U}$-3A-ADP是__________________________________________特殊适配器模块，包括_____个模拟量输入通道，_____个模拟量输出通道，不管是输入还是输出，都有___________信号模式和_______信号模式。

## 二、判断题

1. 变频器的多段速调速输入端子是开关量输入端子。 (　　)

2. $FX_{3U}$系列PLC最多可连接8台模拟量特殊适配器模块、4台特殊功能模块。 (　　)

3. $FX_{3U}$-3A-ADP通过将指定的特殊辅助继电器设置为ON或OFF，可以设定输入/输出的信号是电压还是电流。 (　　)

## 三、简答题

说明$FX_{3U}$-3A-ADP的输入/输出特性。

## 四、综合应用题

如图 37 所示是三相异步笼型电动机工频/变频切换控制，其中 SB1 是工频启动按钮，SB2 是变频启动按钮，SB3 是停止按钮，工频与变频切换时必须先进行停止才能切换。变频工作时可以采用前面学习的任何方法，使用不同的变频方法时，变频器要设置相应的参数，电路也要做相应的改变。试设计程序。

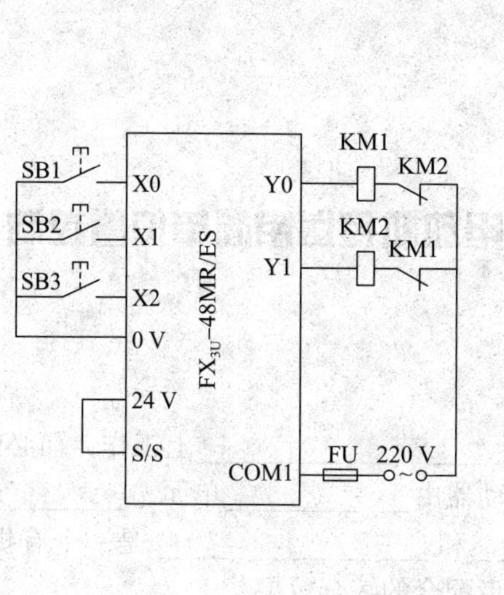


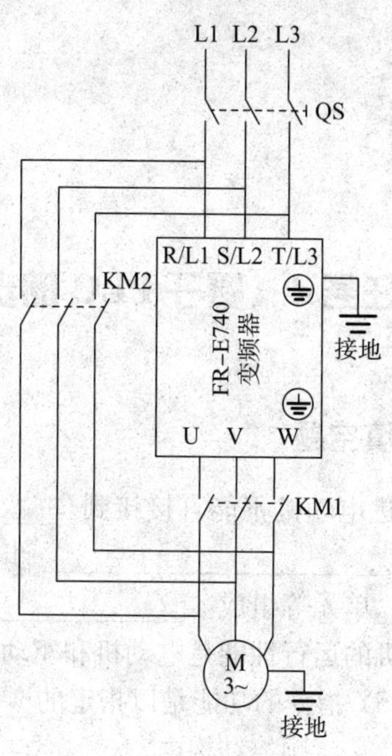


图 37

# 任务4 基于PLC的步进电动机传送带简单位置控制

## 一、填空题

1. 步进电动机不能直接接到_______________或_____________上工作，而必须使用专用的____________________________。步进驱动器由_____________单元、_______________单元、______单元等组成。____________________和_____________________是一个有机的整体，步进电动机的运行性能是电动机和驱动器两者配合的综合效果。

2. PLSY指令的功能是以指定的______________________________，PLSY指令不能用于_______________顺控结构内。

3. 如果使用_____________步进驱动器，则步进电动机相数将变得没有意义，用户只需在驱动器上改变_____________，就可以改变_______________。

## 二、简答题

PLSY指令有哪些标志位？

## 三、综合应用题

如图 38 所示，按下启动按钮 SB1，传送带输送物料向左运行，到 ST1 处停止，停 2 s 后向右运行，到 ST3 处停止；再次按下启动按钮 SB1，传送带输送物料继续向右运行，到 ST2 处停止；在整个过程中，按下停止按钮传送带立即停止运行。电动机运行时，触摸屏上的灯闪烁（0.5 s 亮，1 s 灭），停止时灯灭。SQL 和 SQR 为行程开关，起限位作用。设计电路，编写梯形图程序，完成调试。

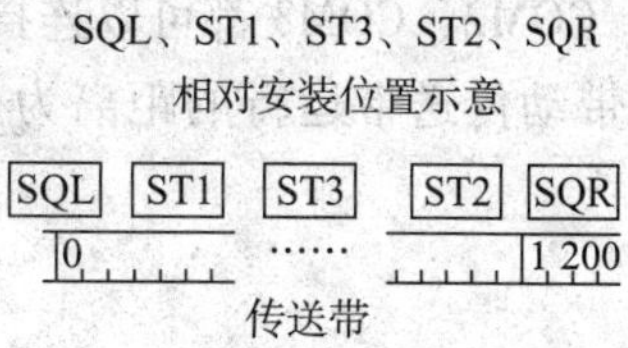

SQL、ST1、ST3、ST2、SQR
相对安装位置示意

SQL ST1 ST3 ST2 SQR
0 …… 1 200
传送带

图 38

# 任务 5 基于 PLC 的步进电动机传送带编码器定位控制

## 一、填空题

1. 编码器是用来测量____________的装置。它分为________输出和________输出两种。单路输出是指旋转编码器的输出是______脉冲，而双路输出的旋转编码器输出________的脉冲，通过这两组脉冲不仅可以测量________，还可以判断旋转的________。

2. 编码器如以信号原理来划分，有____________编码器、____________编码器。

3. 脉冲当量是步进电动机每个脉冲带动传送带运行的______________。

## 二、判断题

1. 指令 PLSY K1000 K0 Y007 正确。（　　）

2. $FX_{3U}$ 系列 PLC 的 COM1、COM2、COM3 都可以连接到一起。（　　）

3. 步进电动机 1 000 个脉冲带动传送带运行的距离为 2 mm，即可计算得到脉冲当量 $\mu=2\ \mu m/P$。（　　）

## 三、综合应用题

如图 38 所示，用步进电动机实现精准位置控制。按下启动按钮 SB1，电磁阀 1 接通，受电磁阀 1 控制的气缸把加工物料推到 ST1 处，等待 5 s，传送带以 10 mm/s 的速度快速向右输送物料到 ST3 处，停止 1 s 后执行机构动作，进行物料加工，加工过程中物料围绕 ST3 左、右以 2 mm/s 的速度慢速移动 5 cm 三次（右移 5 cm，等待 0. 5 s；左移 10 cm，等待 0. 5 s；再右移到 ST3 为一次），每次之间停留 1 s，加工完物料后又以 10 mm/s 的速度快速向右运行到 ST2，等待 1 s，电磁阀 2 接通，受电磁阀 2 控制的气缸把加工物料推到储存位置，2 s 后进入下一个物料的加工过程。按下暂停按钮 SB2，执行机构完成正在加工的物料后停止。按下停止按钮 SB3，执行机构立即停止工作。

用触摸屏组态，要求在触摸屏上实现启动、暂停和停止，能在触摸屏上设置脉冲个数和脉冲频率，监控移动距离和移动速度。

## 任务 6　基于 PLC 的伺服电动机传送带定位控制

### 一、填空题

1. 伺服电动机的功能是将__________________________________________来驱动控制对象。伺服电动机可分为__________伺服电动机和__________伺服电动机两类。

2. 伺服驱动器专用于__________________________控制。伺服驱动器一般是通过_______________、_______________和_______________三种方式对伺服电动机进行控制的，以实现对传动系统的高精度定位。

### 二、判断题

1. 一般来说，步进电动机内置编码器，伺服电动机要外带编码器。（　　）

2. 在设置 ASD-B2 伺服驱动器参数时，先要将 SON 与 COM-断开，设置好参数后再接上。（　　）

3. 伺服驱动器在使用 PLSY 指令时要考虑电子齿轮的相关参数。（　　）

4. 变频器、步进驱动器、伺服驱动器在使用时都要先设置参数。（　　）

### 三、综合应用题

1. 如图 39 所示，在触摸屏上设定伺服电动机速度为 60 r/min，按下左行启动按钮 SB1，传送带输送物料向左运行，到 ST2 处向右运行，到 ST1 处又向左运行，循环往复；按下右行启动按钮 SB3，传送带输送物料向右运行，到 ST1 处向左运行，到 ST2 处又向右运行，循环往复；按下停止按钮 SB2 立即停止运行。伺服电动机运行时，触摸屏上的灯闪烁（0.5 s 亮，1 s 灭），停止时灯灭。设计电路，编写梯形图程序，完成调试。

SQL、ST2、ST1、SQR
相对安装位置示意

SQL ST2 …… ST1 SQR
0 1 200
传送带

图 39

2. 如图 40 所示，按下启动按钮 SB1，电磁阀 1 接通，受电磁阀 1 控制的气缸把加工物料推到 ST1 处，等待 5 s 后，传送带以 10 mm/s 的速度快速输送物料向右运行 10 cm，到第一加工位，物料加工需时 5 s，之后以 2 mm/s 的速度慢速移动到第二加工位，两加工位之间相距 20 cm，第二加工位加工需 15 s，加工完成运送到 ST2 处，安装在此处的气缸受电磁阀 2 控制把加工物料推到储存位置。按下暂停按钮 SB2，执行机构完成正在加工的物料后停止。按下停止按钮 SB3，执行机构立即停止工作。设计电路，编写梯形图程序，完成调试。

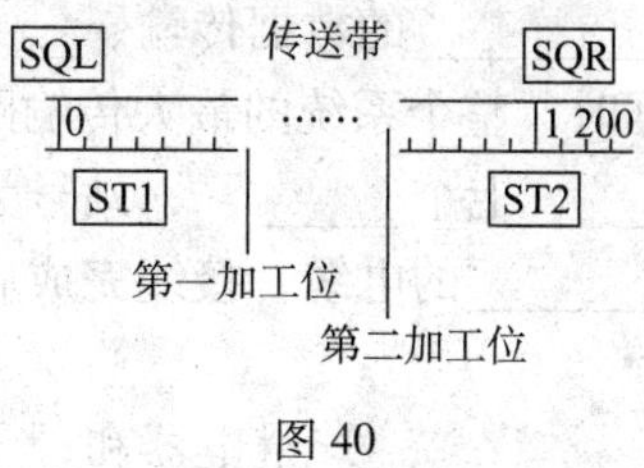


图 40

## 任务7　多台 PLC 之间的 N：N 网络通信

### 一、填空题

1. 每台 $FX_{3U}$ 系列 PLC 上可安装一块____________________通信扩展板，可以使用____________的数据传输、____________的数据传输、____________的数据传输等。

2. 使用 N：N 网络传输数据时，整个系统的最大传输距离为______，最多为______个站，一个________，站号为______，七个________，站号为______。进行网络连接时，通信电缆要使用带____________________的电缆，接线完成后要将两端通信扩展板的拨动开关拨到______Ω 的位置。

3. N：N 网络会用到许多______________继电器和________寄存器。

### 二、综合应用题

1. 主站中数据寄存器 D100（K5）作为从站计数器 C1 的计数初值。主站按钮 SB02 为从站 C1 的复位按钮，从站按钮 SB12 为 C1 的计数信号输入，当 SB12 输入 5 次时，C1 的输出触点控制主站的指示灯点亮。设计电路，编写梯形图程序并调试，观察是否实现相应的通信功能。

2. 操作主站的 PLC 输入（X0~X3）、各从站的输出（Y0~Y3）置 ON。操作从站 1 的 PLC 输入（X0~X3）、各从站的输出（Y4~Y7）置 ON，操作从站 2 的 PLC 输入（X0~X3）、各从站的输出（Y10~Y13）置 ON，……，操作从站 7 的 PLC 输入（X0~X3）、各从站的输出 Y34~Y37 置 ON。输入和输出的分配使用的软元件见表 2。设计电路，编写梯形图程序并调试，观察是否实现相应的通信功能。

**表 2　输入和输出的分配使用的软元件**

| 站号 | 输入继电器 | 链接软元件 | 输出继电器 |
| --- | --- | --- | --- |
| 主站 0 | X0~X3 | D0 | Y0~Y3 |
| 从站 1 | X0~X3 | D10 | Y4~Y7 |
| 从站 2 | X0~X3 | D20 | Y10~Y13 |
| 从站 3 | X0~X3 | D30 | Y14~Y17 |
| 从站 4 | X0~X3 | D40 | Y20~Y23 |
| 从站 5 | X0~X3 | D50 | Y24~Y27 |
| 从站 6 | X0~X3 | D60 | Y30~Y33 |
| 从站 7 | X0~X3 | D70 | Y34~Y37 |

3. 链接3台FX系列PLC系统，刷新范围：位软元件64点，字软元件8点（模式2），重试次数5次，监视时间70 ms。输入和输出的分配使用的软元件见表3。设计电路，编写梯形图程序并调试，观察是否实现相应的通信功能。

**表3　输入和输出的分配使用的软元件**

| 动作编号 | 数据源 | | 数据变更对象及内容 | |
| --- | --- | --- | --- | --- |
| ① | 主站 | 输入X0~X3（M1000~M1003） | 从站1 | 到输出Y10~Y13 |
| | | | 从站2 | 到输出Y10~Y13 |
| ② | 从站1 | 输入X0~X3（M1064~M1067） | 主站 | 到输出Y14~Y17 |
| | | | 从站2 | 到输出Y14~Y17 |
| ③ | 从站2 | 输入X0~X3（M1128~M1131） | 主站 | 到输出Y20~Y23 |
| | | | 从站1 | 到输出Y20~Y23 |
| ④ | 主站 | 数据寄存器D1 | 从站1 | 到计数器C1的设定值 |
| | 从站1 | 计数器C1的触点（M1070） | 主站 | 到输出Y5 |
| ⑤ | 主站 | 数据寄存器D2 | 从站2 | 到计数器C2的设定值 |
| | 从站2 | 计数器C2的触点（M1140） | 主站 | 到输出Y6 |
| ⑥ | 从站1 | 数据寄存器D10 | 主站 | 从站1（D10）和从站2（D20）的值相加后保存到D3中 |
| | 从站2 | 数据寄存器D20 | | |
| ⑦ | 主站 | 数据寄存器D0 | 从站1 | 主站（D0）和从站2（D20）的值相加后保存到D11中 |
| | 从站2 | 数据寄存器D20 | | |
| ⑧ | 主站 | 数据寄存器D0 | 从站2 | 主站（D0）和从站1（D10）的值相加后保存到D21中 |
| | 从站1 | 数据寄存器D10 | | |